LA BOTANIQUE AU VILLAGE

PAR

S.-Henry BERTHOUD

DIXIÈME ÉDITION REVUE PAR L'AUTEUR

Ouvrage autorisé pour les Bibliothèques scolaires
et les Écoles publiques

PARIS

SOCIÉTÉ D'IMPRIMERIE ET LIBRAIRIE ADMINISTRATIVES
ET DES CHEMINS DE FER

PAUL DUPONT

41, rue Jean-Jacques-Rousseau, 41

1880

LA

BOTANIQUE

AU VILLAGE

aris.-Imp. PAUL DUPONT, 41, rue Jean-Jacques-Rousseau

LA BOTANIQUE AU VILLAGE

PAR

S.-Henry BERTHOUD

DIZIÈME ÉDITION, REVUE PAR L'AUTEUR

Ouvrage autorisé pour les Bibliothèques scolaires et les Écoles publiques.

PARIS
SOCIÉTÉ D'IMPRIMERIE ET LIBRAIRIE ADMINISTRATIVES
ET DES CHEMINS DE FER
PAUL DUPONT
41, RUE JEAN-JACQUES-ROUSSEAU, 41

1880

LA BOTANIQUE AU VILLAGE.

CHAPITRE PREMIER.

UNE RENCONTRE.

Il y a des jours où le découragement s'empare des hommes même les plus dévoués à leurs devoirs. Ce ne sont point, d'ordinaire, des chagrins réels qui causent cette lassitude morale, mais une série des mille petites contrariétés dont foisonne la vie habituelle. On subit l'impression d'une excitation nerveuse mêlée à la fois de prostration et de fièvre. On ne se sent pas le courage de lutter contre des souffrances dont on peut à peine se définir à soi-même les causes futiles. Enfin, suivant l'expression de Voltaire, tel qui ferait bravement face à un lion, succombe sous les piqûres d'un essaim de cousins.

Telle était la situation d'esprit de Paul Monnet, qui, depuis quatre ans, exerçait les fonctions d'instituteur dans un village du nord de la France.

Orphelin dès son enfance, jeune encore et d'une constitution quelque peu maladive, rien ne lui réussissait depuis quelques jours. Sa classe marchait mal, en dépit de ses efforts; ses élèves ne répondaient point à ses soins; ils se montraient indociles, et l'obligeaient à recourir, lui si bienveillant et si doux, aux réprimandes et même aux punitions. Plusieurs de ces jeunes fous préféraient les escapades de l'école buissonnière aux leçons de leur excellent maître. Il est vrai qu'on se trouvait en plein mois de juillet, que le soleil jetait partout sur la terre ses splendeurs, et qu'il faisait bon pour les petits garçons à parcourir les bois et à se cacher dans les ravins couverts de hautes herbes et de fleurs parfumées.

Donc la journée avait été irritante pour Paul, et la soirée ne devait guère lui apporter de compensation, car le peu d'amis qu'il possédait dans le village se trouvaient aux champs, où les retenaient les urgents travaux de la moisson. Passer seul la fin d'une journée pénible; rester face à face avec des pensées désagréables; ne pouvoir ni les combattre ni les oublier par la distraction... Dieu vous garde de pareilles soirées!

Paul allait donc au hasard, mécontent de lui-même, mécontent des autres, et en proie à l'ennui, — l'ennui, la pire de toutes les maladies.

Et non-seulement il souffrait du présent, mais encore de l'avenir. Il se représentait les soirées de même nature qui le menaçaient, et qu'il serait réduit à passer dans l'isolement, pendant les hâtives soirées de l'automne et les glaciales et noires veillées de l'hiver, en présence de livres vingt fois relus, car la bibliothèque d'un instituteur primaire n'est ni bien variée ni bien nombreuse. Un livre est un ami, je le sais; mais il répète toujours les mêmes choses, et, quand on sait à peu près par cœur ces choses, fussent-elles les plus belles du monde, elles ne sont plus guère propres à distraire et à détourner des idées mélancoliques qui obsèdent un esprit quelque peu malade.

Tandis que Paul ruminait ainsi en lui-même, voyant tout en noir et beaucoup plus qu'il n'était de raison, il se trouva tout à coup face à face avec un voyageur à peu près de son âge, et qui, une boite à herboriser sur le dos et un grand bâton ferré à la main, marchait la tête penchée vers la terre, non par tristesse, comme Paul, mais pour regarder avec un vif intérêt les plantes sauvages que l'obscurité commençait à dérober à ses yeux.

— Adolphe! s'écria Paul après avoir considéré quelques instants le récolteur de fleurs, car il ne pouvait en croire ses yeux; Adolphe! est-ce bien toi que le hasard amène ici?

— Le hasard! non pas! répondit Adolphe en embrassant Paul avec effusion. Le hasard! non, mon ami... Je suis parti de Paris il y a quinze jours, avec l'intention bien arrêtée de diriger mon excursion pédestre et botanique jusqu'à ce village, de t'y embrasser, de t'y demander l'hospitalité, et d'y passer une bonne semaine ou deux près de mon plus tendre et de mon plus fidèle ami d'enfance. D'ailleurs, ajouta-t-il en souriant, la Flore de cette partie de la France est riche, et la botanique ne perdra point ses droits pendant mon séjour ici! Or çà, où demeures-tu? Je me meurs de fatigue; j'ai fait aujourd'hui mes vingt kilomètres à pied, et je me sens un appétit à faire sauter au plafond de ta maison jusqu'aux dernières miettes de ton souper!

Paul, qui ne pensait plus ni à sa tristesse ni à ses ennuis, Paul, tout entier au plaisir de revoir son meilleur ami au moment où il s'attendait le moins à le rencontrer, conduisit promptement Adolphe vers l'école communale, dont le joli petit bâtiment s'élevait en face de l'église.

Tandis que le botaniste se débarrassait de son bâton, de sa boîte en fer-blanc, et d'un grand carton plein de papiers et de plantes desséchées, Paul faisait gaiement et à la hâte les préparatifs du souper. Non-seulement il dressait la table et la couvrait d'une nappe et d'assiettes de faïence à jolies fleurs, mais encore il y plaçait un grand pot rempli d'une bière mousseuse dont la vue seule faisait venir l'eau à la bouche. Un pain de mine alléchante, une omelette qui ne tarda point à frissonner dans la poêle, arrivèrent bientôt, à l'extrême satisfaction d'Adolphe, qui se mit à attaquer pot et mets avec un appétit réjouissant pour son hôte.

Sans perdre un coup de dent, le botaniste racontait à son ami cent choses auxquelles sa bonne humeur donnait une gaieté et une allure dont se fut amusé le spleen en personne. Il évoquait des souvenirs de collége; il dépeignait les petits incidents de son voyage pédestre à travers une grande partie de la France. Sa verve se montrait aussi inépuisable que son appétit.

Il finit cependant par renoncer à manger, repoussa, en soupirant, son assiette devenue vide une dernière fois, but encore un grand verre de bière et alluma sa pipe.

— Ce n'est pas tout que de souper, dit-il; il faut qu'avant de me coucher je trie les plantes que j'ai récoltées dans la journée, et que je les dépose artistement entre deux feuilles de papier buvard. Si je remettais à demain cette besogne, je courrais le risque de ne plus avoir affaire qu'à des feuilles recroquevillées, à des tiges fanées et à des fleurs qui auraient perdu leur physionomie. Allons! allons! conclut-il en bâillant et en s'étirant, arrière le sommeil! A l'œuvre! à l'œuvre! mon garçon! tu n'en dormiras que mieux dans deux heures!

Et, malgré le sommeil qui l'accablait, il se mit bravement à la besogne.

Paul le regardait faire avec surprise.

Toute trace de fatigue avait peu à peu disparu sur le visage d'Adolphe. Il prenait une à une les plantes que contenait sa boîte de fer-blanc; il les étalait avec soin sur des feuilles de papier gris sans colle; il les y fixait à l'aide de petites bandes de papier; il déployait patiemment les feuilles et les fleurs, et s'acquittait de cette besogne radieux et avec un véritable amour.

— Tu me regardes avec stupéfaction, et tu ouvres de grands yeux, dit-il en se tournant vers son ami. Eh bien! mon cher garçon, si tu te livrais seulement un mois à l'étude de la botanique, tu deviendrais plus passionné peut-être que moi pour cette étude. Chacune des plantes que tu vois a son caractère, ses mœurs mystérieuses, ses propriétés et ses instincts; oui, ses instincts! Ne ris pas! Je parle sérieusement. Certains naturalistes allemands et anglais prétendent même qu'elles possèdent une âme; c'est une pensée assurément folle, mais qui survient parfois involontairement, je l'avoue. Quand on veut pousser une idée au delà de sa véritable portée, on arrive, tu le sais, au paradoxe. Je t'assure qu'à l'égard des fleurs, on peut arriver facilement à ce paradoxe.

Assurément non, les plantes n'ont point d'âme; mais, douées de sensations véritables, elles souffrent, elles agissent, et elles semblent susceptibles de raisonnement et de calculs, comme les animaux.

Murray rapporte qu'un fort beau groseillier de son

jardin devint tout à coup languissant. Un mur abattu, en le privant d'abri, et certaines infiltrations d'eau minérale survenues par accident avaient modifié la nature du sol et détruit les conditions favorables dans lesquelles l'arbuste s'était trouvé jusque-là.

Le groseillier, dont les feuilles jaunissantes prenaient un aspect caractéristiquement maladif, dirigea une de ses branches vers une partie du sol qu'abritait un gros arbre et où l'eau minérale n'arrivait point.

Pour cela, il fallait passer au-dessus d'un petit contrefort en briques et atteindre à une distance de près d'un mètre. La branche y parvint en croissant avec une vigueur fiévreuse et en s'allongeant de près de quatre centimètres par jour.

Le contre-fort franchi, elle s'abaissa sur le sol, contre la surface duquel elle appuya avec force son extrémité, et y pénétra lentement, mais profondément.

Deux jours après, des racines se développèrent à cette extrémité enfouie de la branche.

A quinze jours de là, un véritable arbuste, un groseillier complet, s'élevait de cette branche, tandis que la tige primitive, celle qui était restée dans le terrain malsain de l'autre côté du contre-fort, se desséchait et finissait par disparaître complétement.

D'autre part, lord Kainer rapporte qu'au milieu des ruines de New-Abbey, dans le comté de Galloway, un érable poussait sur un mur resté debout.

Un jour, pour des motifs inconnus, il se dégoûta de cette demeure, où pourtant il était né et avait vécu quarante ans au moins, et, afin de changer de domicile, il commença par faire descendre le long de la muraille ma ternelle une racine forte et charnue, un véritable câble, et la fixa fortement dans la terre.

Une fois cette racine solidement établie, il détacha peu à peu les autres, et procéda pour celles-ci comme il avait procédé pour la première.

Quand son voyage de transplantation se trouva terminé, après cinq ou six mois de travail, l'érable avait descendu un mur de plus de huit pieds anglais et était installé à cinq ou six pas de ce mur.

On trouve dans les bois, le long des chemins, une jolie plante, baptisée, à cause de l'odeur qu'elle exhale quand on la broie, du nom plus énergique que poétique d'*ortie puante :* c'est la *stachide des bois* (*stachis sylvatica*); on l'appelle encore *épi fleuri* et *panacée du labour.*

Elle se reconnaît à des fleurs purpurines réunies, six par six, autour de la partie supérieure d'une tige carrée et haute de quinze à vingt centimètres, à des feuilles opposées et à l'élégance de son port. Elle donne au teinturier une belle couleur jaune, et ses fibres corticales fournissent d'excellents cordages; enfin les fermiers aiment à la mélanger à la litière de leurs bestiaux, qu'elle assainit, disent-ils.

Glocker, en herborisant, remarqua un jour une pauvre petite stachide, née près de la lisière d'une forêt, au milieu d'une haie fort épaisse. A peine sortie de terre et parvenue à quelques centimètres de hauteur, elle souffrait évidemment du manque d'air et de lumière.

A huit jours de là, il repassa près du buisson et se rappela la stachide. Elle s'était arrêtée dans son accroissement vertical pour incliner sa tige et la faire avancer dans une direction horizontale vers une petite ouverture qui laissait pénétrer la lumière dans la haie.

A quinze jours de là, elle avait relevé sa tige et repris sa direction normale en croissant verticalement.

Un botaniste de mes amis, en voulant cueillir au haut d'un vieux mur une giroflée sauvage, fit une chute si malheureuse qu'il se brisa la jambe, et se trouva condamné à passer une partie de la belle saison dans son lit.

Or, ce botaniste demeurait au sixième étage, et, plus riche de science que d'écus, il ne pouvait même pas s'entourer des fleurs dont la passion lui coûte si cher.

La vieille servante qui, après avoir été élevée dans la famille de son jeune maître, se consacrait avec un dévouement maternel au service de l'excellent garçon, entra un matin dans la chambre du convalescent, haletante de joie et de fatigue.

Après avoir repris un instant haleine, elle déposa sur une petite table, près du lit, un magnifique pot de jasmin, qu'elle était allée acheter elle-même, le long du pont Saint-Michel, au marché aux Fleurs. C'était, pour la sévère économe, toute une grosse affaire que de prélever le prix de la fleur sur la modique somme consacrée aux dépenses du ménage, et une plus grosse encore pour la sexagénaire que de trouver la force d'apporter la plante et le pot des bords de la Seine à l'extrémité de la rue de l'Ouest, en gravissant cent douze marches d'un escalier roide plus que de raison. Mais il s'agissait de procurer un peu de distraction et de plaisir à son cher enfant, et elle n'avait reculé ni devant la dépense ni devant la fatigue.

Elle se trouva bien payée, Dieu merci! de sa peine, car, à l'aspect du jasmin, le visage pâle du jeune homme se couvrit d'une légère rougeur causée par la joie; son œil languissant prit de l'animation, et ses mains amaigries s'étendirent en tremblant vers l'arbuste, cent fois le bien venu. Le convalescent respira longuement et voluptueusement les parfums; il en compta, pour ainsi dire, les fleurs et les feuilles. Il n'était plus seul, il avait un compagnon.

Hélas! qui a compagnon a maître, dit le proverbe, et quelquefois aussi tyran, ajouterons-nous.

Le pauvre jasmin ne tarda pas à l'éprouver.

Dès le lendemain, l'arbuste, avec ses jolis rameaux tourmentés, ses feuilles, ses fleurs, ses parfums pénétrants et doux, ne suffisait plus à son possesseur.

Celui-ci voulut renouveler sur le pauvre végétal les expériences faites autrefois par Musteli, et racontées dans le *Traité de végétation.*

Il prit un carton, et, à l'aide d'un canif, il y pratiqua plusieurs trous de quatre à cinq centimètres de diamètre, et distants les uns des autres de huit à dix centimètres.

Il plaça ensuite ce carton devant le pot de jasmin.

Dès le lendemain, celui-ci avait changé la direction de sa tige, et s'acheminait vers la lumière en traversant l'ouverture la plus rapprochée.

Le botaniste donna le surlendemain au carton et au jasmin une position tout opposée, de sorte que la tige passée par le premier trou se trouvait dans l'ombre.

La plante, amoureuse de la clarté, vint de nouvea s'offrir au jour en traversant la seconde ouverture.

A quinze jours de là, l'expérimentateur eut la satisfaction de constater et de montrer à ses visiteurs que la tige du jasmin avait traversé chacune des ouvertures, et courait en zigzag des deux côtés du carton.

N'y a-t-il point, dans ce que je viens de te raconter, plus de preuves qu'il n'en faut pour démontrer que les plantes apprécient leurs besoins, calculent les moyens de les satisfaire, et savent mettre ces moyens à exécution avec une ingénieuse adresse, et par des combinaisons que l'imagination d'un homme ne trouverait peut-être point du premier coup?

Oui, les plantes ont des sensations et savent agir. N'as-tu point vu dans tes caves une pomme de terre oubliée qui germait et qui faisait grimper le long d'un mur, jusqu'à l'ouverture d'un soupirail, une tige pâle, étiolée, mais qui parfois atteignait une dimension de deux mètres?

Chercheras-tu à expliquer ce phénomène par de la chimie ou de la physique? Non. Le besoin, la réflexion et la volonté, en voilà le secret.

La dernière éclipse de soleil était visible en partie à Madrid.

M. Colmeiro l'observa à l'Escurial, dans un jardin où se trouvait une *lychnis vespertina*, plante dont la fleur ne s'ouvre qu'entre six et sept heures du soir, pour ne se fermer que vers neuf heures du matin.

On rencontre différentes espèces de *lychnis* dans les environs de Paris, où on leur donne le nom de *compagnons blancs*, de *compagnons rouges* et de *nielle des blés*.

Or, la lychnis espagnole, en voyant le soleil s'éclipser, pâlir, s'obscurcir et disparaître en partie, crut sans doute que l'astre allait se coucher réellement, et par conséquent que le moment était venu pour elle de s'éveiller : elle épanouit donc ses corolles, et se para de toute sa beauté crépusculaire.

Quand le soleil reprit son éclat et qu'elle eut reconnu qu'elle s'était trompée, elle se hâta de refermer aussitôt sa corolle pour ne la rouvrir qu'à six heures du soir, suivant son habitude.

Sais-tu rien de plus charmant que ce petit épisode?

Et maintenant que j'ai fini de classer et de préparer mes plantes, dit-il, allons-nous coucher. Bonsoir, mon ami!

Ils s'embrassèrent et se séparèrent.

Paul avait préparé pour son hôte sa propre chambre. Quant à lui, il s'étendit, dans la pièce voisine, sur un matelas jeté à terre, et il s'endormit en songeant au bonheur dont il allait jouir pendant quelques jours, de posséder chez lui l'homme qu'il aimait le plus au monde.

CHAPITRE DEUXIÈME.

AU BORD DE L'EAU.

Le lendemain, Paul et Adolphe se levèrent tous les deux de grand matin, et quand les premiers écoliers de l'instituteur arrivèrent à la classe, ils trouvèrent les deux amis en présence d'un déjeuner frugal et plongés gaiement dans les souvenirs de leur jeunesse.

Paul se leva, en soupirant, pour professer ses leçons, et Adolphe, jetant sur ses épaules sa boîte de fer-blanc, s'en alla herboriser dans les environs.

Paul ressentait pour son utile profession une bonne part de la passion qu'Adolphe éprouvait pour la botanique. Il s'acquittait donc de ses devoirs d'instituteur avec autant de conscience que de plaisir. Il savait tous les services que peut rendre un instituteur en propageant, là où elle n'est que trop rare, une bonne instruction primaire. Malgré ses fatigues et ses difficultés, rien, en effet, n'est plus honorable et plus attachant que d'initier les jeunes populations des campagnes à des connaissances trop négligées autrefois, et indispensables aujourd'hui dans l'existence d'un cultivateur, et de leur apprendre à aimer Dieu, la patrie, à respecter le souverain et à devenir des citoyens éclairés, laborieux et utiles.

Ce jour-là, les élèves se montrèrent exacts, attentifs et studieux. Aussi. malgré la pensée de son ami qui lui revenait parfois à la pensée et qu'il suivait en imagination dans la campagne, le temps de la classe s'écoula-t-il pour le jeune instituteur agréablement et vite.

Adolphe avait emporté quelques provisions, et Paul fit seul son repas de midi. A peine la classe du soir touchait-elle à sa fin que le botaniste apparut sur le seuil de l'école.

Il vida à la hâte sa boîte remplie de plantes, et, prenant Paul par le bras :

— J'ai réservé mes explorations au bord de l'eau pour la fin de la journée, lui dit-il. En route! mon cher ami; tandis que je glanerai des végétaux, tu exerceras vaillamment tes jambes, tu humeras de l'air à pleine poitrine, et nous rentrerons au logis vers la tombée de la nuit, avec un formidable appétit.

Ils se dirigèrent aussitôt vers une jolie petite rivière, qui serpentait à deux ou trois kilomètres du village.

— Regarde, dit Adolphe à son ami, regarde! Sans compter les aulnes qui bordent cette rivière de leurs racines fantastiques et déchaussées, forment une digue pittoresque à ses eaux transparentes et courent sur un lit de galets ; sans compter les saules aux troncs contournés et aux rameaux ébouriffés; sans compter les truites qui s'élancent à tout moment hors de l'eau pour saisir un insecte; sans compter même les tourbillons de papillons et de demoiselles qui tournoient et volètent constamment de la rive à la rivière et de la rivière à la rive, il y a, rien que sur ces bords herbus, des heures entières à regarder, à étudier, à contempler, à se répéter comme Linné : « Mon Dieu, que votre puissance est sublime et infinie! »

Dans un espace de deux cents pas, un botaniste peut récolter ici cent sortes de plantes sauvages, et je vais te le prouver :

Ce sont d'abord ces *orties*, dont quelques-unes, étayées contre des buissons ou des troncs d'arbres, montrent des feuilles larges comme la main, avec des tiges grosses comme le doigt et hautes de près de deux mètres. On distingue, sans l'aide de la loupe, les poils fins et aigus qui les recouvrent et qui produisent une piqûre âcre et une large ampoule. Ces poils reposent sur une vésicule oblongue, remplie d'un sucre âcre, caustique, incolore; ils blessent à la manière des dents de vipère. La vésicule, pressée par un contact imprudent, seringue son venin à travers un canal étroit, aboutissant à l'extrémité du poil ou du dard, comme tu voudras l'appeler.

En Europe, quelques heures suffisent pour faire disparaître l'ampoule et la cuisson. Au Bengale, l'*ortica crenelata* de Roxbert, petite ortie dont les poils sont très-courts, cause des douleurs atroces, qui ne durent pas moins de quinze jours et qui tuent parfois le blessé.

A l'ombre de l'ortie, sous ses feuilles agressives, poussent, comme tu le vois, d'ordinaire une ou deux touffes d'*euphorbe*. L'euphorbe ressemble à un arbuste en miniature; si vous brisez sa tige, il en sort un jus laiteux qu'il faut bien se garder de porter aux lèvres, car il agit à la fois comme l'émétique et comme le séné.

La *langue-de-vache* (grande consoude) ne se cache point comme l'euphorbe, qu'on désigne à la campagne sous le nom de *réveil-matin*. Elle dresse fièrement sa haute et robuste tige ligneuse, semblable à un véritable rameau d'arbre, ses feuilles, recouvertes d'une sorte de velours blanchâtre, et sa couronne de fleurs rouges. Aussi est-elle le contre-poison de l'euphorbe et ne produit-elle que des effets bienfaisants. Elle ramène la santé chancelante des jeunes filles; elle rend à leurs joues pâles la fraîcheur et l'éclat, et sa racine, en forme de fuseau charnu et noirâtre, possède une propriété astringente dont la grande quantité de mucilage à laquelle elle se se trouve associée tempère l'âpreté.

La jeune reine Marie Stuart, en arrivant d'Ecosse en France, se sentit prise de nostalgie; elle ne dormait plus; la vue seule des mets lui soulevait le cœur; son teint blanc et mat, ses lèvres décolorées, ses yeux brillant d'un éclat étrange et fiévreux, inspiraient de trop justes inquiétudes. Les médecins les plus célèbres de la cour y perdaient leur latin. Ce fut alors que la mère de François II, Catherine de Médicis, touchée du désespoir du roi son fils, qui, disait-il en pleurant, *s'en allait mourant lui-même du mal dont dépérissait Marie*, résolut de recourir à une vieille paysanne des environs d'Ivry, qui passait pour faire des cures merveilleuses. La *laboureuse* arriva en sabots à la cour, prescrivit à Marie de faire tous les matins une promenade au lever du soleil, de renoncer aux parfums, dont les femmes usaient à cette époque d'une façon immodérée, et dans toute saison été comme hiver, printemps comme automne, de faire verser sur « son gentil corps » quatre grands seaux d'eau fraîche de fontaine. A ce régime hygiénique, qu'on pourrait encore conseiller aujourd'hui à tant de femmes atteintes d'anémie et de pâles couleurs, elle joignit l'usage quotidien d'une tisane composée avec certaines herbes, dont la *langue-de-vache* formait la base.

Deux mois après, la jeune reine reverdissait, reprenait sa fraîche carnation, et devenait, suivant l'expression de Péréfixe : « La plus belle entre les plus belles des reines des temps passés, présents et futurs. »

— Tu sais vraiment rendre bien attrayante ta science de la botanique, et je ne la croyais pas susceptible d'inspirer un pareil intérêt.

— Ah ! tu n'es pas encore au bout, repartit Adolphe en se penchant vers une jolie plante qu'il cueillit et montra à son ami. Voici maintenant la *grande consoude blanche.*

Elle se rencontre presque toujours dans le voisinage de sa sœur à fleurs rouges, dont elle ne diffère que par un aspect plus rustique et plus robuste.

On trouve la *raiponse* près de la *grande consoude*, avec sa tige mince à feuilles en forme de poignard, ses belles fleurs bleues si remarquables par leur corolle en roue et leur capsule prismatique : on mange en salade ses fanes et ses racines, qui rappellent le goût de la noisette.

La *campanule gantelée*, ou *gants de Notre-Dame*, sœur de la raiponse, diffère peu de celle-ci. Elle servait, au douzième siècle et au treizième, à proclamer la guerre. Un héraut d'armes attachait au bout d'un long bâton un bouquet de gants de Notre-Dame; dès lors cessait la trêve-Dieu ; il fallait que les vassaux se missent à prendre les armes pour attaquer ou pour se défendre.

Non loin du gant de Notre-Dame, apparaît une plante originaire des Indes, disent les botanistes, et aujourd'hui naturalisée en France, où elle pousse à l'état sauvage. C'est le ***pyrèthre matricaire***, à feuilles oblongues et découpées. Sa graine porte fièrement une couronne à cinq dents, et la matricaire mérite cet honneur. Elle possède, en effet, des qualités nombreuses et précieuses, qui en font une des reines de la botanique. Emménagogue énergique, parente de la camomille et du chrysanthème, avec lesquelles on l'a confondue longtemps, elle apaise, à l'aide de sa racine, longue, vivace, d'une saveur piquante, les douleurs de dents, guérit les fluxions, calme les maux de gorge et rétablit la transpiration.

Elle possède en outre un privilége réservé à elle seule, entre toutes les plantes. Jamais un insecte ne l'attaque. Placez sur ses feuilles les chenilles les plus voraces et les plus affamées, vous les verrez se laisser tomber à terre et s'éloigner du plus vite de leurs nombreuses paires de pattes. Les abeilles font un long détour pour se tenir à l'écart de la fleur du pyrèthre, et quelques cultivateurs affirment que les taupes, les mulots, tous les rongeurs enfin partagent cette antipathie pour l'étrange plante.

Depuis quelques années, le pyrèthre du Caucase, cousin germain de la matricaire, a pris rang parmi les besoins les plus impérieux de la population française; il la débarrasse des immondes insectes qui rendaient presque inhabitable la plus grande partie des maisons.

Vois encore la jolie et perfide *renoncule des prés*; le *trèfle roux*, dont les larges touffes d'un vert d'émeraude se terminent par de toutes petites fleurs d'or; le *laitron-des-marais*, dont les graines ailées vont s'éparpillant dans les airs en nuées blanchâtres; le *cerfeuil-des-fous*, qui donne le vertige; la *carotte sauvage*, qui s'épanouit comme un large plat d'argent ciselé, niellé et gravé par la main d'un sylphe; le *poa palustris*, qui ressemble à l'aigrette d'un colback de cavalier; l'*épiaire*, autre aigrette, mais de couleur sinistre. On la dirait teinte d'un sang desséché depuis longtemps: aussi les cultivateurs la nomment-ils *ortie-morte*.

Les traditions normandes racontent que Robert le Diable portait constamment au cimier de son casque une branche d'ortie-morte, en souvenir du père infernal dont on le disait le fils. Tant que ce talisman restait à son cimier, il ne pouvait ni recevoir de blessures, ni éprouver de défaites. L'ortie-morte dont il se parait ainsi ne se fanait jamais pendant l'hiver; mais, à la fin du printemps, elle tombait en poussière. Alors, le duc se rendait, à minuit, au bord d'une des rivières de ses États, l'Eure, si nous sommes bien informé. Là, sans armes, la tête découverte et un pied nu, il traçait autour de lui un cercle, et faisait à rebours le signe de la croix. Aussitôt, un guerrier, couvert d'une armure, de laquelle, au moindre mouvement, jaillissaient des gerbes d'étincelles, sortait de terre et tendait, en pleurant, les bras à Robert.

— Mon fils, lui disait-il, mon fils, hélas! je ne puis t'embrasser; je ne puis te serrer contre ma poitrine, car cette armure, rougie par le feu des enfers, te consumerait à l'instant. Oh! maudit soit l'impitoyable Dieu qui ne permet pas à un père, si coupable qu'il soit, d'embrasser son enfant!

Alors le tonnerre se faisait entendre dans le ciel, la terre s'ébranlait, l'obscurité devenait plus profonde, et le démon disparaissait, englouti par un abîme qui s'ouvrait sous ses pieds. A l'endroit où il avait disparu poussait, à l'instant même, une haute tige d'ortie-morte, que Robert cueillait et attachait à son casque.

Aujourd'hui, l'ortie-morte ne sert plus qu'à parfumer la litière des bestiaux; à peine quelques vieilles femmes connaissent-elles encore la légende que, deux siècles auparavant, la Normandie entière savait et racontait avec effroi.

Aucun de ces souvenirs sinistres ne s'attache au lierre terrestre, jolie plante aux feuilles plissées, à la tige velue, et baptisée par la voix populaire du nom d'*herbe de Saint-Jean*. Elle exhale une odeur aromatique; sa saveur un peu amère ne laisse pas que de plaire, et les médecins de campagne s'en servent pour guérir les rhumes obstinés. La *linaire*, aux fleurs d'un jaune pâle, au calice irrégulier, aux feuilles finement découpées, servit à Linné pour étudier le phénomène de la *pélorie*. Certaines fleurs, habituellement d'une forme irrégulière, deviennent parfois régulières par une cause inconnue et jusqu'ici restée, comme tant d'autres, inexpliquée. C'est là ce que les botanistes appellent la *pélorie*.

Le *senevé* ressemble à une longue chenille, dont le corps et les feuilles étroites figurent les pattes frêles. Couronné de fleurs jaunes en grappes, il est bien loin de s'élever dans les airs comme le senevé dont parle l'Évangile, et sur les rameaux duquel les oiseaux venaient se percher.

La *menthe pouliot*, dont les fleurs sortent régulièrement des aisselles de deux larges feuilles, le long d'une forte tige, jouit de quelques-unes des propriétés de sa sœur aristocratique la *menthe poivrée*. Quand on la broie entre les doigts, elle exhale une odeur vive; placée sur la langue, elle y produit une sensation de fraîcheur.

L'Italienne Médicis, qui se connaissait en parfums, quoique la vue d'une rose la fit tomber évanouie et la jetât dans des convulsions, préférait la menthe sauvage à toutes les autres fleurs. Pendant l'été, elle en portait constamment un bouquet à son corsage.

Lorsque, chassée de France par le cardinal de Richelieu et Louis XIII, son fils, elle se vit réduite à se réfugier dans les Pays-Bas, et, presque sans ressources, à accepter l'hospitalité que lui offrait, dans sa maison de Cologne, Rubens, dont elle avait été la protectrice, celui-ci, en recevant l'illustre exilée, lui offrit un bouquet de menthe sauvage.

Des larmes s'échappèrent alors des yeux de la fière reine, qui avait quitté en fugitive, sans trahir aucune émotion, la France où elle avait régné si longtemps, sous le nom de son fils, et l'Angleterre, dont on l'avait inhospitalièrement repoussée.

— Ah! Rubens, dit-elle, Rubens, je n'ai rencontré en ma longue vie qu'un cœur vraiment haut et reconnaissant, c'est le vôtre!

On sait le mot cruel de Richelieu en apprenant la mort de la reine, qui ne tarda point à survenir.

— La menthe pouliot va se vendre à bon marché!

Le *signet* n'a point été honoré d'une prédilection oyale, quoiqu'on le nomme vulgairement *sceau de Salomon*. Sa feuille ressemble quelque peu, en effet, à la forme oblongue des sceaux du moyen âge; sa racine, coupée obliquement, présente des figures bizarres, qu'avec un peu de bonne volonté on peut prendre pour des caractères magiques; or, vous le savez, Salomon passait au moyen âge pour le prototype des magiciens.

Longtemps le *sceau de Salomon* a joui d'une grande célébrité comme vulnéraire et comme astringent. Aujourd'hui on prétend que sa racine provoque les vomissements. Hâtons-nous de dire que c'est une calomnie, car Bergius raconte qu'en temps de disette, les paysans suédois mélangent cette racine à la farine de blé, et s'en servent pour faire un pain qui ne paie pas de mine, car il est visqueux et brun, mais qui aide efficacement à combattre la faim et à entretenir les forces et la santé.

Salut à la *marjolaine*, que les chansons populaires unissaient toujours dans leurs couplets au *romarin;* à la *luzerne odorante*, au *mouron*, à l'*argentine;* au *vélar* et à cette immense famille des *graminées* de toutes les sortes, de toutes les tailles, de toutes les formes, de toutes les couleurs, devant lesquelles Linné lui-même, ce grand classificateur, reculait effrayé.

« Dieu seul, disait-il, pourrait connaître, nommer et classer une famille si innombrable; elle occupe cinq volumes de mes herbiers, et il m'en manque encore plus des trois quarts!

Cette famille, à laquelle appartiennent le blé et toutes les céréales, ne compte qu'une seule espèce dangereuse : l'ivraie annuelle (*lolium temulentum*); encore le botaniste de Candole en a-t-il pris la défense. Les graminées fournissent le meilleur foin, l'herbe la plus succulente et les graines les plus avidement recherchées par les animaux. On en obtient du sucre, des boissons fermentées excellentes, la bière que les peuples septentrionaux de l'ancienne Europe buvaient sous le nom de *cervoise*, le *kislichis*, le *kouas blanc* et *rouge* des Tartares, le genièvre et l'eau-de-vie de grain !

Il y a un proverbe flamand qui dit :

In het gras der velden
Vind men voedsel voor
Menschen en dieren.

Ce proverbe, en passant la frontière, a été traduit en patois rouchi par ces deux soi-disant vers :

Acoutez-mi ! dinch' l'herp des kias
Y a za mier por biètes et gins.

Ce qui veut dire en vrai français : « Ecoutez-moi, dans l'herbe des champs, il y a à manger pour les bêtes et pour les hommes. »

Regarde maintenant dans ce canal, au milieu de l'eau qui coule lentement, tu y verras foisonner une plante aquatique qui a commencé à s'y montrer vers les premiers jours de juin, et qui probablement y restera tout le reste de l'été. Sa fleur, d'un jaune éclatant, ressemble à une coupe en miniature. Elle se balance doucement au-dessus du courant, au milieu de nombreuses feuilles. Ces feuilles forment, surtout au moment où elles apparaissent au dehors, une sorte de cornet qui s'ouvre d'autant plus qu'il se rapproche de la surface du liquide.

C'est le *plateau*, la *nymphæa alba* des botanistes.

Au besoin, les feuilles de la nymphæa suppléent pour les bestiaux au fourrage, et sa longue racine, réduite en farine, a fourni plus d'une fois, dans les temps de disette, un aliment que l'on a peut-être tort de dédaigner dans les temps d'abondance.

D'autant plus que les lis des étangs se reproduisent partout où il y a de l'eau, il suffit de jeter dans un étang les graines que fournit leur fruit charnu pour les y multiplier; quelques portions de racine, remises dans l'eau peu de temps après en avoir été arrachées, les y font également pousser en abondance.

S'il faut en croire un rapport adressé à l'Académie des sciences par M. Lagrèze-Fossat, le lis des étangs serait destiné à rendre de grands services à la santé publique, et à combattre efficacement les fièvres paludéennes qui désolent encore certaines parties de nos départements.

En avril 1860, M. Lagrèze-Fossat remarqua à Moissac, dans un bassin de son jardin, une feuille de lis des étangs dont les bords se trouvaient recourbés en sens inverse, c'est-à-dire du côté de la face inférieure; il observa en même temps que cette disposition anormale déterminait en une seule la réunion de toutes les bulles d'oxygène produites par la surface inférieure de cette feuille.

Il profita d'une circonstance si favorable pour doser l'oxygène expiré en un temps donné.

La face inférieure de cette feuille de nuphar luteum produisit en une heure quatorze millilitres seize centièmes d'oxygène, et seize centilitres neuf cent quatre-vingt-douze centièmes en douze heures.

Or, comme un pied de nuphar luteum se compose en moyenne de quinze feuilles, il en résulte qu'un individu de cette espèce verse dans l'atmosphère, du 1er mai au 1er septembre, *deux cent soixante-sept litres soixante-deux centilitres* d'oxygène par la face inférieure de ses feuilles, et *cinq cent trente-cinq litres vingt-quatre centilitres*, si l'on admet, ce qui n'est pas douteux, que la face supérieure fonctionne dans le même espace de temps avec une égale activité. Juge des modifications que peuvent apporter dans la composition chimique de l'air cinq cents pieds de nuphar luteum !

— Cette utile propriété du lis des étangs était assurément connue de nos pères, dit Paul, car dans la commune que j'habite, et dans tout le nord de la France, la légende prétendait que le lis des étangs est un don miraculeux obtenu, dans les premiers temps de la conversion des Gaules, par sainte Olle, une des bienheureuses les plus populaires de la légende dorée des Flandres.

Sainte Olle avait près d'elle une sœur nommée Odille. qui partageait sa cellule de recluse dans les marais de Cantimpré, non loin du village cambrésien placé aujourd'hui encore sous son patronage et sous son nom.

La compagne de la vie solitaire de sainte Olle, l'orpheline qu'elle avait élevée comme sa propre enfant, Odille, fut un jour *prise des fièvres*, ainsi qu'on dit dans le pays.

Après de longues souffrances, elle allait succomber quand la sainte demanda avec ferveur, et par l'intercession de Notre-Dame des Sept-Douleurs, de ne point encore être séparée de celle qu'elle aimait en mère.

Le lendemain, Olle vit, non sans surprise, le marais de Cantimpré se couvrir de lis des étangs qui parsemaient les eaux fétides et fangeuses de leurs belles fleurs d'or et de leurs feuilles en forme de quenouille.

Dès lors l'air s'assainit, et les eaux perdirent de leur

fétidité. Odille guérit peu à peu de la fièvre, et sa sœur vit renaître sur les joues de son enfant bien-aimée, naguère pâles et amaigries, la fraîcheur de l'adolescence.

En souvenir de ce miracle, on a nommé dès lors, dans le pays, et on y nomme encore les lis des étangs *lis de Notre-Dame.*

— Ce n'est point la première fois, conclut Adolphe, que l'esprit d'observation du populaire devance de dix ou douze siècles les découvertes de la science. Tu viens de m'en donner une preuve nouvelle et convaincante.

CHAPITRE TROISIÈME.

LE CUEILLEUR DE CHAMPIGNONS.

Adolphe s'interrompit tout à coup en voyant un homme d'une cinquantaine d'années, fort occupé à récolter des champignons sur la lisière du petit bois qui s'élevait au bord de la rivière, et remontait ensuite sur la pente d'une vaste colline qu'il couvrait de ses arbres centenaires et d'une petite forêt de buissons épars.

— Prenez garde, Monsieur, lui dit-il, je vous en conjure. Faites bien attention aux champignons que vous cueillez; j'en ai remarqué tout à l'heure, en herborisant, plusieurs de l'espèce la plus vénéneuse.

— Bah! vraiment! Croyez-vous qu'on ne sache pas ce qu'on fait? répondit en relevant la tête avec suffisance celui à qui s'adressaient ces prudentes paroles.

— Quelque connaissance que l'on possède à cet égard, il est facile de s'y tromper. M. le docteur Flandin, membre du conseil d'hygiène et de salubrité de la ville de Paris, a établi dans un rapport officiel *qu'il n'est pas un seul caractère constant et absolu* dont on puisse se prévaloir pour affirmer la bonne ou la mauvaise qualité d'un champignon.

— En ce cas, reprit l'autre avec aplomb, j'en sais plus que les savants et que les membres du conseil d'hygiène.

— Il n'y a qu'un moyen d'ôter aux champignons leurs propriétés vénéneuses, continua le botaniste, et je vous conjure de l'employer : c'est le lavage des champignons, plusieurs fois répété, à l'eau chaude, ou leur macération dans de l'eau salée ou vinaigrée. Promettez-moi d'y recourir.

— Ma foi non! cela ôterait de leur goût à mes champignons.

— Du moins laissez-moi examiner les champignons qui remplissent votre mouchoir, et vous signaler ceux qui sont de mauvaise nature. Je suis botaniste...

— Et moi, je ne le suis pas, et je n'ai pas besoin qu'un Parisien vienne se mêler de mes affaires, qui ne le regardent pas!

Et il s'éloigna sans saluer Adolphe, et il continua à récolter des champignons.

— Dieu veuille que son imprudence ne cause pas quelque malheur! reprit Adolphe après un moment de silence. Le fait que je viens de lui signaler avait été déjà indiqué par divers auteurs, mais il était passé presque inaperçu. Il se trouvait tout à fait oublié, lorsqu'en 1851 M. Frédéric Gérard le reproduisit sous les yeux d'une commission nommée par le préfet de police, et le mit hors de toute contestation.

Plein de résolution, ce savant, après un grand nombre d'expériences qu'on aurait pu croire périlleuses, adressa au conseil d'hygiène publique et de salubrité un Mémoire dans lequel il annonça qu'il avait mangé et qu'il mangeait tous les jours, lui et sa famille, composée de douze personnes, toute espèce de champignons vénéneux.

Une commission fut nommée pour s'assurer de la vérité de cette assertion; M. Flandin en faisait partie.

« Les champignons qu'on nous présenta crus, dit-il, nouvellement cueillis, étaient l'*agaric fausse oronge* et l'*agaric bulbeux*, c'est-à-dire les plus meurtriers. Nous les vîmes passer à plusieurs eaux, accommoder à la manière ordinaire et servir à l'expérimentateur. Ils avaient une odeur agréable, mais étaient durs et presque coriaces. M. Gérard en mangea une forte portion d'au moins deux cent cinquante grammes, et l'un de ses enfants cinquante grammes environ. Nous hésitions à laisser faire l'expérience; mais la confiance de M. Gérard nous gagna, et nous-mêmes en prîmes assez pour nous rendre malades, si l'aliment avait été un poison. »

— Voilà qui vraiment est étonnant! dit Paul. Et tu es sûr que les champignons ainsi préparés n'offrent plus aucun danger?

— Ce n'est pas moi qui te répondrai, mais M. Gassicourt. J'ai encore présentes à la mémoire les expressions du rapport qu'il a fait au conseil de salubrité, le 26 novembre 1851 :

« Pour chaque cinq cents grammes de champignons coupés de médiocre grandeur, il faut un litre d'eau acidulée par deux ou trois cuillerées de vinaigre, ou deux cuillerées de sel gris, si l'on n'a pas autre chose. Dans le cas où l'on n'aurait que de l'eau à sa disposition, il faut la renouveler deux ou trois fois. On laisse les champignons macérer pendant deux heures entières, puis on les lave à grande eau.

« Ils sont alors mis dans l'eau froide, qu'on porte à l'ébullition, et, après une demi-heure, on les retire, on les lave encore, on les essuie et on les apprête comme mets spécial. Inutile d'ajouter que toutes les eaux qui ont servi à laver les champignons doivent être jetées.

« Les champignons recueillis par M. Gérard appartenaient à une espèce très-connue, l'*agaric fausse oronge*, la plus dangereuse peut-être après l'*agaric bulbeux*, et si remarquable par la beauté de son chapeau, rouge-écarlate moucheté de taches blanches, sortes de verrues formées par les débris du volva. Nettoyées et coupées en gros morceaux, les fausses oronges ont été d'abord lavées, puis mises, à trois heures de l'après-midi, dans un litre de nouvelle eau froide, avec addition de deux cuillerées de vinaigre, pour macérer en cet état pendant deux heures. Au bout de ce temps, on les a retirées de l'eau de macération, lavées à grande eau, mises à bouillir dans une nouvelle eau pendant une demi-heure; après cette coction, elles ont été lavées une dernière fois dans l'eau froide et essuyées. »

— Et comment se fait-il, demanda Paul, qu'avec des instructions si précises et si claires, avec des preuves si éclatantes, il arrive encore tant d'accidents produits par les champignons ?

— Permets-moi de te raconter une légende russe, et, quand tu l'auras entendue, tu n'auras plus de doute sur les tristes conséquences de la fatale obstination de la routine.

— Voyons ta légende.

— Cette légende russe raconte qu'il se trouvait, sous le règne d'Ivan II, à peu de distance de Moscou, un précipice fort dangereux. En faisant un petit détour et au prix tout au plus d'une verste de marche, on pouvait éviter ce précipice; mais la force de l'habitude et la manie récalcitrante des routiniers à résister à toute espèce de conseil faisaient que, plutôt que de subir un retard de dix minutes, on s'obstinait à franchir le précipice, et qu'il engouffrait chaque année des milliers de victimes.

Le tzar s'émut d'un pareil état de choses, et fit rédiger par les savants de Moscou une instruction sur la manière d'escalader les rochers glissants qui hérissaient les bords de l'abîme, sur la façon de s'y cramponner et sur la nature de l'élan qu'il fallait prendre pour arriver sain et sauf à l'autre bord.

On afficha ladite instruction sur toutes les murailles de Moscou; on la grava sur les rochers du lieu maudit pour que personne n'en pût ignorer, et on préposa même des crieurs publics qui récitaient à haute voix lesdites instructions à ceux qui se préparaient à franchir le fatal passage.

Malgré ces belles précautions, le nombre des victimes ne diminua que peu ou point.

On prétendit même qu'elles ne servaient qu'à embrouiller les idées des voyageurs, et à leur ôter leur présence d'esprit au moment de prendre leur élan.

Le tzar finit par consulter un pope en odeur de sainteté, et lui demanda de faire un miracle pour remédier à un si triste état de choses.

— Le miracle est facile, et Votre Majesté peut l'opérer encore mieux que moi, répondit le prêtre; faites tout bonnement bâtir un pont sur le précipice.

Quand on connut la réponse du pope, ce fut un mouvement unanime de réprobation, un *tolle* général dans tout Moscou. Un pont! disaient les savants du lieu; quelle malice cousue de fil blanc! Un pont! Autant vaudrait combler l'abîme. Un pont!... A bas le pont! Nous ne voulons point de pont! Mort au pont!

Voilà mille ans que les choses sont ainsi, pourquoi les changer? disait la foule.

On eut beau faire et beau dire, le tzar persista à vouloir que le pont fût bâti; il le fut, et il n'y eut plus dès lors un seul accident là où naguère il en survenait par milliers.

— Avant que le tzar, c'est-à-dire l'opinion populaire, ait décrété qu'il devienne usuel de laver dans le vinaigre les champignons, bien du temps s'écoulera encore! soupira Paul.

— Oui, riposta Adolphe; mais aussi, une fois que l'habitude s'en sera peu à peu fait contracter, pas un seul champignon ne se mangera en Europe, sans avoir, au préalable, été soumis à ce lavage acidulé. Le progrès va lentement, mais il ne recule jamais.

— Tu as raison.

— En dépit de leurs propriétés vénéneuses, reprit Adolphe, dans le monde étrange des végétaux, je ne sais rien de plus étrange que la famille des champignons. Aliment délicieux ou poison mortel, exhalant un parfum exquis ou une odeur fétide, seuls, parmi les plantes, les champignons ne revêtent jamais la couleur verte. Ils se retrouvent dans toutes les parties du globe et sous toutes les températures; parfois enfin, épidémies mystérieuses, ils désolent nos cultures sous le nom d'*oïdium*, et nos magnaneries sous le nom de *muscardine*.

Une seule nuit on voit naître et mourir certaines espèces, comme le *bovista gigantea*, qui apparaît et prend en quelques heures les proportions d'une forte gourde, et développe, dans cette création rapide, *quarante-sept milliards* de cellules, *soixante millions* par minute !

En général, les champignons surgissent du sol, la nuit, en groupes serrés et sous forme de cercle. On dirait l'œuvre magique et fatidique d'une fée. Les uns naissent sur les matières en décomposition, les autres sur des animaux vivants.

> Les uns en divers lieux habitent solitaires,
> D'autres sont rapprochés, comme il sied à des frères.
> Et l'œil se plaît à voir, au pied des troncs moussus,
> Leur aimable union et leurs groupes confus.
>
> (Castel. *Les Plantes*, poëme, chant 3e.)

Et leurs formes ? Où en trouver de plus variées, de plus étonnantes, de plus inattendues ? Ils prennent celles d'un léger duvet que le moindre souffle dissipe (*mucor*); d'un réseau aux mailles serrées (*reticularia*), ou d'une poussière noire ou jaunâtre (*charbon, carie, rouille des céréales*). Tantôt on croirait voir de petites massues (*clavaria*) et tantôt de gracieux pinceaux (*penicillium*). Ailleurs, c'est la figure d'une cupule ou d'un calice (*peziza*), d'une bourse ou d'une vessie (*lycoperdon*), d'une boule solide (*truffe*), d'une mitre (*helvella mitra*), d'une étoile (*geastrum*), d'un parasol (*agarics et bolets*), ou même de quelque partie d'une plante (*rhizomorpha*), ou du corps d'un animal (*auriculaire, ergot de seigle, bolet, sabot de cheval*).

Longtemps le mode de production des champignons est resté un mystérieux problème.

Théophraste, Pline et Dioscoride les attribuaient à une certaine viscosité née de la putréfaction des plantes. « Ce sont des excroissances du sol produites par un « mélange de sel de soufre avec la graisse de la terre, » disait en 1669 le botaniste anglais Morison. « Ce sont « des plantes nées d'une fermentation putride, » écrivait en 1719 le botaniste allemand Dillen.

Plus près de nous, les champignons furent considérés par Necker comme une nouvelle réunion des éléments organiques ou du tissu cellulaire des végétaux. De la Méthrie et Médicus voulurent y voir une cristallisation végétale.

De leur côté, Tournefort (1707), Michels (1752) et Haller, de nos jours, soutinrent que les champignons, comme tous les végétaux, se reproduisaient au moyen de semences; personne n'en doute plus aujourd'hui.

La culture des champignons forme une des industries les plus lucratives des environs de Paris.

M. Husson, dans son livre *des Consommations*, évalue le nombre des maniveaux de champignons qui se vendent à Paris à 1,914,000, du poids de 50 grammes, et contenant chacun de douze à quinze champignons.

Ces champignons proviennent d'un grand nombre de carrières, où on les produit artificiellement. Des préposés, placés sous la surveillance de l'autorité municipale, sont chargés d'examiner aux halles tout ce qui s'introduit de cette denrée, et de s'assurer que des champignons vénéneux ne se glissent point parmi ceux qu'on livre au public.

Il est sans exemple qu'un empoisonnement par des champignons vénéneux ait eu lieu à Paris.

Une des cultures les plus importantes se trouve à Bougival, dans trois carrières qui occupent entre elles une étendue de 8,400 mètres de meules. La première, située en haut du pavé de Bougival, près de Louveciennes, est de forme circulaire et se partage en plusieurs compartiments.

Cette carrière, longue de 2,100 mètres, paraît littéralement blanche de champignons ; des ouvriers les y cueillent à pleins paniers.

L'important, pour obtenir de riches récoltes de champignons, c'est de leur donner de l'air ; aussi a-t-on ouvert, au-dessus de la carrière, un puits de 15 mètres. A peine le puits eut-il été terminé qu'on vit la végétation souterraine prendre une force et une abondance dont rien n'avait approché jusque-là.

Il s'expédie tous les jours, en moyenne, de Bougival à Paris, 2,500 maniveaux de champignons.

Chaque année de nombreux accidents, qui résultent de l'emploi des champignons vénéneux, remplissent les colonnes des journaux.

Un des plus grands seigneurs de l'Europe doit sa fortune, son titre et même son nom à un plat de champignons.

A l'âge de quinze ans, il était le plus pauvre et le dernier de sa famille. Entre lui et le majorat héréditaire, il y avait cinq oncles et onze cousins. Un matin on vint lui annoncer, au collége de Saint- ..., où il recevait une éducation payée par un de ses parents, qu'il se trouvait héritier du titre de prince de ....

Dans un repas donné pour célébrer un des glorieux souvenirs de la famille, et où on avait dédaigné de convier le pauvre écolier, un plat de champignons vénéneux, cueilli par la maîtresse du château, qui prétendait savoir parfaitement distinguer les espèces empoisonnées des espèces comestibles, avait, en deux heures, fait d'un futur séminariste un des plus riches et des plus grands seigneurs de l'Europe.

Je te l'ai déjà dit et je te le répète, on ne connaît point de caractères absolus propres à faire distinguer un mauvais champignon d'un bon; je puis cependant t'indiquer quelques caractères à l'aide desquels on reconnaît, dans l'état actuel de la science, autant que faire se peut, les espèces comestibles et les espèces dangereuses.

L'absence d'odeur, une saveur poivrée, piquante, âcre, vireuse, rappelant celle du soufre et de la térébenthine, une couleur verte ou intense et de la lactescence signalent les champignons vénéneux. Ceux-ci affectionnent surtout, pour croître, les lieux humides et les corps en décomposition; enfin un *collier* les caractérise tous.

Au contraire, des champignons inoffensifs s'émane une vague odeur de roses, d'amande amère ou de farine récemment moulue. Une saveur de noisette, qui n'a rien ni d'amer ni d'astringent, une grande simplicité d'organisation, une surface sèche et charnue, une couleur franchement rosée, vineuse, violacée et surtout ne s'altérant point à l'air, enfin une consistance élastique et l'absence de fibres pronostiquent des champignons dépourvus de poison.

Ces derniers, d'ailleurs, qui n'ont point de colliers, poussent dans les lieux peu couverts, les friches, les bruyères et les carrières.

On doit les récolter avant leur entier développement, par un temps sec, après l'évaporation de la rosée. Il faut se servir, pour cette récolte, d'un couteau ou d'une paire de ciseaux, et ne point les arracher. Les insectes les attaquent presque toujours, tandis qu'ils ne touchent point, en général, aux vénéneux.

Bons ou mauvais, les champignons, la plupart du temps, jouissent, la nuit, de la propriété de devenir phosphorescents. C'est un phénomène singulier et de nature à inspirer de la terreur à une imagination facile à émouvoir, que de se trouver tout à coup face à face avec une flamme bleuâtre, qui parcourt en ondulant les chapeaux des champignons, et qui semble leur donner une sorte de mouvement. Comme les champignons sauvages sont presque toujours disposés en circonférence, on dirait le cercle magique où les superstitions du moyen âge plaçaient le diable, appelant à lui les malheureux qui voulaient lui vendre leurs âmes.

Ce phénomène a lieu également par la sécheresse et par l'humidité, et l'hiver comme l'été. On le remarque surtout dans les cultures souterraines, dont parfois les galeries s'illuminent d'un bout à l'autre de leurs méandres, et produisent un spectacle fantasmagorique d'un effet indicible; les feux follets des marais peuvent seuls en donner une idée.

— Tu parles de ces plantes en véritable poëte!

— Pour parler de choses moins poétiques et revenir aux idées matérielles et gastronomiques, je vais t'enseigner l'art d'obtenir des champignons gigantesques.

En 1860, M. le docteur Labourdette a envoyé à l'Académie des sciences des champignons énormes obtenus par un genre de culture particulier. Il remplace l'engrais ordinaire par du nitrate de potasse. Le spécimens d'agaric mis sous les yeux de l'Académie on poussé dans un terrain principalement composé de sulfate de chaux, auquel M. Labourdette avait adjoint, prè de la racine de chaque champignon, une certaine quantité de sel de nitre. Le poids des agarics de moyenn taille est généralement de *cent* grammes; celui de champignons de M. Labourdette s'élève à *six cent* grammes.

On devait déjà au docteur Labourdette un fait scientifique important : c'est lui qui a imaginé, en effet, de fair suivre aux vaches, aux chèvres, aux ânesses, un traitemen particulier pour donner à leur lait des propriétés médicamenteuses très-utiles dans certaines maladies. La nouvelle découverte qu'il vient de faire, si elle se généralise, ne laissera pas que d'avoir aussi sa valeur pour le jardiniers et les amateurs de champignons.

Paul se prit à rire.

— Et pourquoi ris-tu? lui demanda son ami.

— Parce que tu veux me donner le change en ce moment, et passer de l'enthousiasme aux théories agricoles, mais cela ne te va guère.

— Mauvais plaisant!

— Laissons cela. Tu aimes tant les plantes qu'en parlant d'elles tu en oublies et tu en fais presque oublier le boire et le manger. Cependant je te ferai observer que la nuit commence à descendre, et que tout à l'heure nous verrons à peine assez clair pour retrouver notre chemin. Or, je tiens d'autant moins à me perdre que la faim commence à me parler d'une façon énergique, et qu'un exllent souper, préparé par les mains de ma vieille voi-e, la dame Marthe, — un ancien cordon-bleu retiré de ffice d'un grand seigneur, rien que cela! — se con-ctionne pour nous au logis. Tâchons de ne pas faire tendre l'excellente femme, qui ne se consolerait point nous servir un repas trop cuit. Hâtons donc un peu otre marche.

— Comme toi, je sens les énergiques représentations mon estomac, répondit Adolphe. Trêves donc aux erborisations et aux jaseries! Allongeons le pas, et al-ns trouver le souper.

Hélas! l'homme propose et Dieu dispose.

CHAPITRE QUATRIÈME.

ENTRE LE SOUPER ET LES LÈVRES.

Déjà les deux amis approchaient de la demeure de 'aul, et ils entrevoyaient même, à la clarté de la lune, ui venait de se dégager d'une grosse masse de nuages, église et l'école communale placée l'une près de l'autre, omme pour démontrer que toute vraie science vient de ieu.

Tout à coup ils entendirent des cris déchirants qui rtaient d'une ferme, bâtie un peu à l'écart du village. En moins de temps que je n'en mets à vous le dire, ul et Adolphe eurent franchi la distance qui les sépa-'t de la ferme.

Un spectacle affreux s'y offrit à leurs regards.

Un vieillard, un homme dans la force de l'âge, une une femme et trois enfants, dont l'aîné pouvait compter uze ans tout au plus, gisaient étendus sur le sol, en oie à d'horribles convulsions. Plus pâle et plus malade core que les autres, le cueilleur de champignons que ul et Adolphe avaient rencontré quelques heures auravant restait étendu sans mouvement près du foyer. 'elle était sa prostration que le feu commençait à gagner s vêtements, sans qu'il cherchât à l'éteindre.

Tandis que Paul l'emportait loin du foyer et étouffait flamme qui déjà avait fait de graves brûlures à la jambe du malheureux, Adolphe jetait un coup d'œil sur la table autour de laquelle agonisaient tant de personnes. Un plat de champignons lui révéla la cause des souffrances de cette famille.

— Depuis combien de temps avez-vous mangé ces champignons? demanda-t-il à la femme qui semblait la moins abattue, et qui, malgré les atroces douleurs qu'elle éprouvait elle-même, cherchait à soulager ses enfants.

— Depuis une heure environ.

— Grâce à Dieu! s'écria le jeune homme, je n'arrive pas trop tard.

Et, déchargeant à la hâte de ses épaules sa boîte à herborisation, il l'ouvrit et en tira une touffe de plantes.

Cette plante au feuillage gai et aux fleurs jaunâtres, était le tamier, baptisé par les habitants de la campagne du nom de *sceau de la vierge*.

Il froissa dans ses mains sa tige herbacée, et, à l'aide d'une pierre, broya, sur un coin de la table, ses feuilles en forme de cœur et ses grosses racines, dont il ne tarda point à extraire un suc abondant.

— Paul, dit-il, pendant qu'il faisait cette préparation, prends une lumière et va cueillir le plus que tu pourras de cette plante, dans les haies qui entourent la ferme. Tu la trouveras enlacée aux rameaux qu'elle recouvre de ses festons.

En parlant ainsi, il versait dans une tasse sa plante broyée, jetait dessus un peu d'eau chaude et faisait boire ce breuvage aux enfants.

Lorsque Paul fut revenu avec une véritable masse de

'er, ils se mirent tous les deux à la broyer, et à en aire boire le jus aux autres malades.

Bientôt tous se sentirent pris de vomissements.

Un quart d'heure après, Adolphe leur fit boire de nouveau une dose de tamier, et les coliques affreuses des malades, leurs convulsions entremêlées de défaillance et d'assoupissement parurent se calmer un peu.

Adolphe prit à part son ami :

— Y a-t-il un pharmacien dans le village? demanda-t-il.

— Non, mon ami.

— Eh bien! selle le cheval qui est dans l'écurie, et cours à bride abattue jusqu'à la ville voisine; ramènes-en un médecin, et, si tu ne pouvais en trouver un, achète chez un pharmacien de l'émétique, de l'ipécacuanha, du sel de Glauber, du sirop d'écorce d'oranges, de l'eau de fleurs d'oranger et de l'éther sulfurique.

Deux heures après, le médecin arrivait amené par Paul. Il examina les malades, et, tendant la main à Adolphe :

— Monsieur, lui dit-il, grâce à la promptitude avec laquelle vous avez administré des sucs à la fois purgatifs et vomitifs à ces malades, j'espère qu'ils ne payeront point de leur vie l'imprudence qu'ils ont commise! J'en excepte toutefois ce malheureux, ajouta-t-il à voix basse et en désignant du regard le cueilleur de champignons. Il a absorbé une si grande quantité du mets vénéneux que tout fait craindre pour lui une issue fatale.

Le médecin, secondé par les deux amis, administra du sel de Glauber à chacun des malades, leur fit prendre en outre une potion laxative, et vit avec joie disparaître les symptômes les plus funestes.

La jeune femme, qui n'avait mangé que peu de champignons, malgré son extrême faiblesse, put s'associer aux soins donnés à ses enfants, que l'eau de fleur d'oranger et l'éther sulfurique calmèrent peu à peu, et parvinrent à amener à un état d'assoupissement d'heureux augure.

Le fermier lui-même sentit s'apaiser ses angoisses, et céda à un sommeil fiévreux et dont il sortait à chaque instant en sursaut, mais enfin qui était du sommeil.

La mère elle-même, vaincue par la douleur et la fatigue, ferma les yeux et s'endormit près de ses enfants.

Le médecin et les deux amis n'eurent plus à s'occuper que de l'imprudent, cause d'un si grand malheur. Les symptômes d'empoisonnement, loin de diminuer chez lui, ne faisaient que prendre plus de gravité.

— Cet homme est perdu, dit le médecin à voix basse. Il faut, à tout prix, l'emmener de la maison, et ne point exposer les convalescents aux émotions fatales que leur causerait la mort d'un agonisant.

— Transportons-le chez moi ! s'écria Paul.

— Oui, plaçons-le sur une civière, tandis que je vais donner à cette brave voisine, qui vient d'arriver, les instructions nécessaires sur les soins que demandent encore les malades. Dans dix minutes je serai chez vous, Monsieur Paul.

Pendant le court trajet de la ferme à l'école communale, le mourant ne donna aucun signe de vie. La fraîcheur de l'air et le mouvement finirent cependant par le ranimer un peu, au moment où l'on aborda la maison D'après les conseils d'Adolphe, on l'installa dans la cour, sur un lit improvisé.

En ce moment le curé, prévenu par la rumeur publique, arrivait pour aider Paul.

Le malade, à la vue du prêtre, sortit de sa torpeur.

— Ah ! murmura-t-il, j'ai mérité mon sort, Monsieur le curé ! Si ma sotte vanité ne m'avait point fait repousser les sages conseils de ce jeune homme !... Les autres sont-ils hors de danger ?

— Je l'espère, répondit Adolphe.

— Eh bien ! qu'il n'y ait que moi de puni, et que la volonté de Dieu soit faite ! Monsieur le curé, ne m'abandonnez pas.

On laissa quelques instants le prêtre seul avec cet infortuné. Le saint homme s'éloigna bientôt en pleurant, et revint en habits sacerdotaux pour administrer les saintes huiles au mourant. Cette pieuse cérémonie s'accomplit à la clarté douteuse de deux cierges, au milieu des spectateurs agenouillés et profondément émus.

On n'entendait que la voix tremblante du pasteur, prononçant tout bas les paroles sacramentelles, et les répons d'un vieux clerc courbé par l'âge.

Le médecin, plus près du lit, interrogeait le pouls du malade, et suivait les progrès de l'agonie sur son visage pâle et décomposé.

Tout à coup il se leva, et rejeta le drap du lit sur le visage de celui qui venait de rendre son âme à Dieu.

Et puis, s'agenouillant, il mêla sa voix à la voix du prêtre et des assistants, qui récitaient cette prière à la fois terrible et consolante : *De profundis clamavi ad te Domine, Domine, exaudi vocem meam!*

Tandis que le curé terminait par le verset : *Quia apud eum misericordia et copiosa apud eum redemptio*, le docteur se leva, fit signe à Adolphe de le suivre et retourna à la ferme.

—Ceux-ci sont sauvés, dit-il après avoir étudié attentivement l'état des malades; je les laisse à vos soins, Monsieur. Quant à moi, je retourne à la ville, où m'attendent d'autres souffrances à soulager.

Et, remontant dans sa voiture, le docteur repartit rapidement.

Sur la demande du curé, quelques habitants du village s'entendirent pour veiller près du cadavre du défunt, que l'excellent prêtre fit transporter dans une petite chapelle attenant à l'église, et il laissa seuls les deux amis, brisés par la fatigue et par les émotions.

— Ne veux-tu pas souper? demanda Paul à Adolphe. Quant à moi, il me serait impossible d'avaler un seul morceau.

— Je n'éprouve qu'un besoin, celui de dormir, répliqua le botaniste. Dieu veuille que je puisse le faire, ne fût-ce que durant une heure, car je n'en puis plus! Vrai! je donnerais les plus rares plantes de mon herbier pour pouvoir me soustraire un instant aux souvenirs de cette lugubre soirée!

CHAPITRE CINQUIÈME.

QUELQUES PHÉNOMÈNES VÉGÉTAUX. — UN BAROMÈTRE ÉCONOMIQUE.

Les deux amis, le lendemain de cette triste visite, eurent grand'peine à reprendre un peu de sérénité.

Après avoir visité les malades de la ferme qu'ils trouvèrent encore bien souffrants, mais, grâce à Dieu, hors de danger, ils retournèrent à l'école primaire et s'assirent tristement sur un banc du jardin. C'était jour de congé, et l'instituteur regrettait presque les occupations de sa classe, qui l'eussent forcément détourné des idées pénibles qui le préoccupaient. Quant au botaniste, absorbé et silencieux, il ne se sentait guère plus vaillant que son compagnon.

Tout à coup, il se leva brusquement, et courut à une petite plante qui poussait dans un coin du jardin.

— Voici qui tient du merveilleux! s'écria-t-il. Cette espèce de pavot est bien le *rœmeria hybrida*, qu'on ne rencontre qu'en Espagne. Par quel prodige se trouve-t-il fleurir ici?

— Comment voudrais-tu qu'une plante espagnole, étrangère à la contrée, se trouvât dans mon jardin?

— Pourquoi? et comment? sont des questions interdites à ceux qui étudient l'œuvre de Dieu et de la nature. A chaque instant, à chaque pas, il leur faut humilier leur raison et s'agenouiller humblement devant des merveilles qu'ils ne sauraient comprendre.

Ainsi, pour ne citer qu'un exemple entre des milliards d'exemples, au Mexique et au Pérou, sur le sol des forêts vierges qu'on détruit par le feu, on voit tout à coup apparaître des plantes étrangères jusque-là dans la localité, et qu'on nomme *fleurs d'incendie!*

Lorsqu'on a creusé le canal de Toulouse, on a remarqué, non sans surprise, que les terres, remuées et restées à sec pendant deux ans, se sont couvertes subitement d'une plante nouvelle pour le pays : le *polypogon monspeliensis*. La science mentionne plusieurs faits analogues. A Ermenonville, le lac, mis à sec, s'est couvert de *sinapis alba* (moutarde blanche). Aux environs de Bordeaux, après l'incendie d'un bois, le *papaver somniferum* (pavot) s'est montré de même en grande quantité. En Angleterre, l'établissement d'un canal a fait paraître en abondance le *plantago psyllium* (plantain, herbe aux puces). On a vu, une année, l'étang tourbeux de Saint-Germer, près Beauvais, desséché et couvert de *digitalis purpurea* (digitale pourprée).

Il y a quelques années, dans le bois du Pas-de-Bayard (Aisne), on avait déposé des amas de scories provenant de hauts fourneaux, et formant une couche haute de plusieurs mètres, composée exclusivement de cuivre et de substances minérales qui avaient subi une violente action du feu.

Tout à coup, une plante, rare partout en Europe, particulièrement dans le pays dont nous parlons, et qui exige d'ordinaire beaucoup d'humidité, l'*impatiens noli me tangere* (l'impatiente n'y touchez pas), envahit brusquement et couvrit d'une couche épaisse de verdure ces débris quasi-volcaniques, arides, et sur lesquels l'eau des pluies tombait sans y séjourner, comme sur un tissu imperméable.

L'*impatiente n'y touchez pas* appartient à la famille des balsamines. Son nom provient de l'élasticité de ses fruits, qui, si légèrement qu'on les touche, lancent au loin avec force les graines qu'ils renferment. Ces graines, lourdes et d'assez forte dimension, ne sauraient être transportées par le vent comme celles de certaines plantes.

Un fait analogue s'observe en Hollande sur le sol de la mer de Harlem, qu'on vient de dessécher. J'y ai vu presque partout foisonner et se former des champs de fleurs jaunes (la *cinéraire des marais*), à peu près inconnues dans les Pays-Bas, et dont on ne rencontre ailleurs qu'un petit nombre d'individus, même dans les lieux qu'elles affectionnent. Il y en avait une telle quantité dans le feu lac, que parfois le vent emportait au milieu des airs des nuées d'aigrettes de cinéraires qui voilaient le ciel pendant quelques secondes.

J'ai cité ces phénomènes, les premiers venus qui me sont tombés sous la main; mais l'étude de la nature présente des millions de millions d'énigmes non moins impénétrables, non moins surprenantes, non moins inattendues.

On s'est longtemps demandé comment certaines plantes exotiques apparaissent tout à coup, en France, à l'état sauvage, et de quelle façon ces plantes, filles de l'Afrique, de l'Italie, de l'Inde, naissent là où jamais on ne les avait vues.

Voici comment on explique quelque peu ce mystère :

Près d'Agde, à six kilomètres en amont de la ville, dans une petite commune nommée Bessan, située sur la rive de l'Hérault, on a créé, il y a quelques années, un établissement destiné au lavage des laines brutes achetées à l'étranger pour la fabrication des draps du Midi.

Peu de temps après l'installation de ce lavoir, un botaniste récoltait, non sans surprise, autour de l'établissement, dans un terrain disposé pour le séchage des laines, un grand nombre de plantes provenant de diverses contrées du monde.

Pareil phénomène s'observait en même temps aux portes d'Agde, à l'endroit où les navires déposaient leur lest.

Les graines de ces végétaux avaient donc été apportées par les toisons auxquelles elles s'étaient attachées, quand les moutons paissaient dans les prairies et dans les champs lointains de leur pays natal.

Une fois écloses sur la terre étrangère, les plantes nées de ces graines ont produit à leur tour de nouvelles graines que la nature, par les mille moyens qu'elle possède, et qui la plupart restent un mystère pour la science humaine, a disséminées partout où le sol, le climat et les conditions atmosphériques leur convenaient.

C'est ainsi sans doute que, d'étape en étape, j'ai pu, l'autre jour, recueillir, dans un coin des bois de Meudon, une espèce de pavot qu'on ne rencontre qu'en Espagne, un trèfle qui croît abondamment aux environs de Constantinople, et une ombellifère de Montevideo.

Ces plantes portent les noms scientifiques de : *Rœmeria hybrida*, *trifolium constantinopolitanum*, et *bowlesia tenera*.

S'il faut en croire Columelle, l'introduction de l'artichaut à Rome aurait eu lieu d'une façon à peu près semblable.

Sous le règne d'Auguste, il arriva d'Éthiopie, chez un sénateur, des peaux de bêtes fauves soigneusement emballées avec une sorte de bourre blanche semblable à celle qui s'envole des chardons à leur maturité.

On ne prit point garde à cette bourre; les esclaves chargés de préparer les pelleteries les secouèrent dans un vaste jardin qui entourait la maison de campagne de leur maître.

L'année suivante, on ne vit pas sans surprise des groupes vigoureux d'une plante inconnue, qui ressemblait à un chardon, surgir de toutes parts dans le jardin.

On donna l'ordre d'arracher les parasites, ordre que les esclaves nègres exécutèrent avec une grande joie, car ils se montraient fort friands de cette plante; ils la mangeaient avec tant de plaisir qu'il prit fantaisie à leur maître d'y goûter. Il en trouva la saveur tellement agréable que non-seulement il défendit à ses esclaves de l'arracher, mais encore qu'il menaça de faire mettre en croix ceux d'entre eux qui s'aviseraient désormais d'en détacher une seule feuille.

Bientôt il ne fut bruit dans Rome que des légumes d'une origine si romanesque. Les plus riches gastronomes se les disputèrent pour leurs tables, et Pline, livre XIX, raconte que, de son temps, on payait encore 6,000 sesterces (1,200 francs) de petites plants d'artichauts.

Le succès obtenu par ce légume fit importer d'Égypte

un genre voisin, le cardon, dont on mange les tiges et la racine.

L'amiral Dumont-d'Urville, pendant son séjour aux îles Marquises, s'occupa de naturaliser sur cette terre sauvage la plupart de nos légumes européens, et particulièrement l'artichaut et l'asperge.

L'artichaut y prit des proportions véritablement gigantesques, sans que sa fleur y perdît rien de la finesse de son goût. L'asperge, au contraire, y devint un arbre véritable, dont la racine même, en sortant de terre, avait déjà, à l'extrémité de ses turions, la dureté du bois.

Je viens de te montrer dans ton jardin, continua Adolphe, une plante venue d'Espagne, sans que nous puissions, même par des suppositions, soupçonner comment elle a effectué son voyage. En voici maintenant une autre, qui se promène.

— Ces topinambours ?

— Oui ; cette plante, dont les tiges sont annuelles, ne s'en élève pas moins à la hauteur d'un petit arbre. Regarde comme ses tiges ligneuses et robustes forment un massif d'un effet pittoresque.

Les tubercules du topinambour ont la singulière propriété de se déplacer, quand le sol dans lequel ils se trouvent ne satisfait plus à leurs besoins. Ils s'avancent latéralement à quinze ou vingt centimètres ; la touffe de l'année suivante est déplacée d'autant ; ils quittent une terre épuisée pour une terre féconde. On peut voir, chez un horticulteur des environs de Paris, une touffe de topinambour qui, depuis dix ans, s'est transportée d'elle-même d'un bout d'une allée à l'autre, et qui a parcouru ainsi plus de quatre mètres.

Le topinambour est-il la seule de nos plantes qui jouisse de ce don? N'en est-il pas de même dans nos prairies, où nous voyons tous les jours un point donné couvert de nouvelles plantes, tandis que celles qui y vivaient l'année précédente ont pris domicile à quelque distance? C'est ainsi que certaines prairies se renouvellent tous les dix ou douze ans, naturellement et sans la moindre intervention agricole.

Le topinambour, qu'on cultive avec un grand succès dans les dunes du Pas-de-Calais, où il couvre de ses majestueux massifs de verdure des lieux autrefois sans un brin de végétation, et où il maintient et il arrête, par ses vigoureux tubercules et ses racines, les sables qui menaçaient sans cesse d'envahir les terres cultivées, produit de l'alcool excellent. Il tient une place honorable et méritée sur la table des gourmets flamands, sans compter qu'il donne aux bestiaux un fourrage abondant, peu coûteux, et qui agit efficacement sur la qualité du lait des vaches et des brebis, qu'il rend plus crémeux et plus riche.

La culture du topinambour a précédé en France celle de la pomme de terre; il provient du Brésil, selon les uns, du Chili, selon les autres, et présente ceci de singulier, que plusieurs naturalistes, envoyés dans ces pays, n'ont pu l'y retrouver à l'état sauvage.

— Je puis encore te dire que la légende a dépassé la science. Voici une histoire que m'a racontée, dans ma première enfance, ma vieille grand'mère. Je te la redirai mot pour mot, car il me semble entendre encore la voix chevrottante de l'excellente femme se mêlant au bruit de son rouet :

Saint Druon jouissait de ce don d'ubiquité que les Arabes prétendent, de leur côté, avoir été le privilége du marabout qui repose dans la mosquée qui s'élève à Alger, près de la porte Bab-al-Oued. En outre, saint Druon était à la fois prêtre, missionnaire, berger, cultivateur et jardinier.

Or, il advint que saint Druon tomba malade, et qu'il lui fut impossible de quitter le lit grossier, taillé dans le roc, qui lui servait de couche, au fond d'une grotte, proche du village de Sebourg.

Un ange alla prêcher pour lui, il est vrai; de son côté, sainte Olle garda les troupeaux de son frère; mais le jardin, ou plutôt le potager du cénobite, ne tarda point à tomber dans un état de désordre qui navrait d'autant plus le cœur de l'ermite que, de son lit de douleur, il voyait dépérir chaque jour de plus en plus ce jardin, son unique distraction et son seul plaisir.

Un matin qu'il venait de terminer ses oraisons, il crut s'apercevoir que les fleurs et les légumes se trouvaient doués de mouvement, et allaient et venaient dans les plants. Il se frotta les yeux, y regarda à deux fois, et resta convaincu qu'il n'était pas le jouet d'une illusion. Les asperges, enfoncées dans un terrain trop compacte, s'implantaient dans un endroit sablonneux où languissaient des carottes. Les carottes, au contraire, s'élançaient avec joie vers le sol riche et solide; il en était de même des choux, de ces grosses raves noires qui réveillent si bien l'appétit, des pois, des haricots, des fèves! Chacun prenait la place appropriée à sa nature et à ses besoins. Saint Druon, attendri, leva les mains au ciel, et, de sa voix que la fièvre rendait chevrottante, bégaya tant bien que mal les paroles du *Te Deum*.

A peine eut-il terminé le psaume glorificateur qu'il se trouva guéri, quitta sa couche et se mit à se promener dans son jardin, au milieu de ses chères plantes.

— Remarque, Paul, combien notre situation respective est bizarre. Tu vis à la campagne, au milieu des plantes, et jusqu'aujourd'hui tu n'avais jamais pris garde aux merveilleux phénomènes qu'elles présentent. Moi, j'habite Paris, où tu chercherais en vain un seul brin d'herbe au pied d'un mur, et je passe ma vie à y étudier la botanique. Enfin voici vingt ans que je consacre ma vie à une science, et tu me racontes sur elle des légendes qui m'apprennent, dans leurs charmants et naïfs récits, que les propriétés utiles de certains végétaux étaient connues à des époques antérieures de plusieurs siècles aux temps tout à fait modernes où les savants croient en avoir fait la découverte !

— La sagesse des nations ! comme dit Sancho Pança.

— L'esprit de tout le monde, suivant l'expression de Voltaire...

— Qui ne faisait que traduire les pensées de Michel Cervantes.

— Et Michel Cervantes n'était que l'écho de Salomon.

En ce moment quelques gouttes de pluie vinrent à tomber.

— Quel malheur ! soupira Paul. Le mauvais temps va survenir. Adieu à notre promenade de demain.

— Peut-être ! En cette saison le temps passe rapidement du laid au beau.

— Nous sommes payés pour ne pas croire plus au beau temps qu'à notre souper ; témoin notre triste aventure de l'autre soir.

— Il faut consulter le baromètre.

— Pour le consulter, il faudrait en posséder un, et cet instrument de physique coûte trop cher pour la bourse d'un instituteur.

— Attends ! attends ! Je me rappelle une certaine invention d'un savant italien. As-tu chez toi une bouteille longue et étroite, comme celle dans laquelle on verse de l'eau de Cologne ?

— Précisément, en voici une.

— J'ai là, dans ma boîte à herborisation, du camphre, du sel ammoniacal et de l'esprit-de-vin ; il me faudrait maintenant du salpêtre. Va visiter ta cave ; tu y trouveras de cette matière plus qu'il ne m'en faut.

Paul descendit à sa cave, et en revint les deux mains pleines de salpêtre.

— Donne-moi des balances ; pèse un demi-gramme de camphre, autant de salpêtre et autant de sel d'ammoniaque. Prends la bouteille maintenant ; remplis-la d'alcool.

— Le mien est à 18 degrés.

— Jettes-y le camphre, et remue jusqu'à ce qu'il soit dissous.

Paul se mit à la besogne. Quand il eut bien secoué la bouteille, il vit le camphre se dissoudre.

— Maintenant fais fondre au bain-marie, dans un autre vase, avec un peu d'alcool, le sel d'ammoniaque

Ces préparatifs terminés, Adolphe mêla les trois substances dans le flacon, les secoua quelques instants, et, le mélange opéré et venu à bon point, il boucha le flacon.

— A présent, cachetons cela avec de la cire ; suspendons-le dans le jardin, contre un mur, de façon qu'il soit exposé au nord ; notre baromètre est terminé.

— Comment se sert-on de cet appareil ?

— Les cristallisations suivantes indiqueront les changements du temps :

Un liquide clair annoncera le beau temps ; un liquide troublé, la pluie ; de la glace au fond, un air lourd ou la gelée.

Si le liquide devient trouble avec de petites étoiles, il pronostiquera la tempête ; s'il contient de gros flocons, l'air sera lourd et couvert, ou bien il tombera de la neige.

Des filaments dans la partie supérieure du liquide sont un signe de vent ; de petites pointes coïncideront avec un temps humide et nébuleux.

Si les flocons montent et se tiennent dans le haut du liquide, il fera du vent dans les couches supérieures de l'air.

De petites étoiles en hiver, par un soleil brillant, sont les avant-coureurs de la neige, qui surviendra le jour ou le lendemain. Plus la glace montera, plus le froid deviendra rigoureux.

CHAPITRE SIXIÈME.

OU IL S'AGIT D'UNE CAROTTE ET DE BEAUCOUP DE ROSES.

A quelques jours de là, Adolphe était parti, au point du jour, pour aller récolter des plantes, à quatre ou cinq kilomètres de l'école communale. Avant de se mettre en route, il avait fait promettre à Paul de venir, sa classe terminée, le reprendre au bord de la petite rivière qui serpentait si gracieusement à peu de distance du village.

Mais l'homme propose et Dieu dispose. Une heure avant que la classe ne touchât à son terme, le ciel se couvrit de nuages lourds et noirs. Le tonnerre gronda sourdement, puis éclata en explosions terribles, et une violente pluie d'orage tomba tout à coup avec tant d'abondance et de durée que l'instituteur ne put congédier ses élèves, et dut les garder chez lui jusqu'à la nuit tombante.

Alors le ciel se dégagea, comme par enchantement, du lugubre rideau qui le couvrait; la lune apparut radieuse et sereine; des milliers d'étoiles étincelèrent dans l'azur majestueux du ciel, et le calme le plus profond succéda au tumulte et au bruit de l'orage.

Le ciel ne gardait plus de trace de cet orage. En revanche, on remarquait à chaque pas, sur la terre, les témoignages affligeants de son passage : des rameaux brisés jonchaient de toutes parts le sol; à peine restait-il debout quelques plantes dans le jardin de Paul, et, au dehors, la terre détrempée ressemblait à une grande mare bourbeuse. Enfin, une multitude de petits ruisseaux s'échappaient de toutes les pentes des terrains avoisinants ; et transformaient en véritables torrents les chemins creux et les ravins, dans lesquels ils se précipitaient en bouillonnant avec bruit.

Paul se disposait néanmoins à se diriger vers le lieu où Adolphe lui avait donné rendez-vous, quand il vit tout à coup le naturaliste se diriger péniblement vers l'école. Il s'appuyait sur une forte branche d'arbre, et pouvait à peine se soutenir.

— Sois sans crainte! cria de loin Adolphe à Paul, sois sans crainte! J'ai tout bonnement une légère entorse. Le pied m'a glissé sur le bord un peu roide d'un fossé rendu glissant par la pluie, et je suis tombé assez maladroitement pour me fouler ce pied; mais quelques frictions bien entendues et un jour ou deux de repos au logis me mettront en état de reprendre mes excursions botaniques. Donne-moi le bras; conduis-moi à ma chambre, et songe au souper, car j'ai une faim dévorante.

— Mon pauvre Adolphe! Dieu veuille que cet accident soit aussi peu redoutable que tu le dis.

— Tu vas voir si je te trompe, et si je cherche à ménager la sensibilité de tes nerfs, répliqua le botaniste en échangeant contre des vêtements secs ses habits trempés de pluie. Maintenant songeons à mon pied blessé.

Et il se mit à promener ses doigts sur le muscle foulé, d'abord doucement, en l'effleurant pour ainsi dire, et ensuite en appuyant avec plus de force.

— Je me suis assuré que je n'avais rien de fracturé dans le pied, et, tu le vois, je remets doucement en place le muscle froissé et sorti de sa gaîne brisée. Autant, en cas de fracture, cette manœuvre serait dangereuse, autant elle est efficace dans le cas contraire. Il ne faudrait pas toutefois recourir à ma méthode sans posséder, comme moi, les connaissances chirurgicales nécessaires pour constater l'absence de fracture; mais, quand on n'a point ces connaissances, on peut recourir à celles du chirurgien, qui sont encore plus infaillibles.

— Tu vas bien t'ennuyer pendant tes jours de réclusion, mon pauvre Adolphe.

— Moi! Et ne t'aurai-je point près de moi, mon bon Paul? Comme nous allons causer!

— Quel sera le sujet de nos causeries? demanda Paul en souriant; la botanique, n'est-ce pas?

— La botanique, assurément.

— Mais la botanique n'est pas inépuisable.

Adolphe leva comiquement ses mains.

Elle n'est pas inépuisable! s'écria-t-il d'un accent bouffon: oh! le profane! oh! le barbare! oh? l'*ignorantinus ignorantissimus!* comme dit Molière. Mais, mon cher Paul, rien qu'avec cette carotte, rien qu'avec cette rose, que tu as eu la barbarie de cueillir pour la mettre dans un verre bleu, il y en a pour quinze jours de conversation.

— Je serais curieux de voir cela.

— Sers-moi à souper; répare mes forces épuisées, donne-moi les moyens de parler sans défaillir, et tu verras si je me suis trop avancé et si j'ai pris un engagement à la légère.

— Voici précisément dame Marthe qui monte avec le souper.

— Jamais je n'aurai récité avec plus de ferveur mon *Benedicite !*

Et, se glissant sans beaucoup de peine du lit sur lequel il se tenait couché, il s'assit à table et fit, je vous l'assûre, honneur à la cuisine de la digne vieille femme, qui le regardait manger avec un mélange de surprise et de satisfaction.

— Et maintenant vas-tu me tenir ta promesse de causeries sans fin sur les carottes et les roses?

— Pardieu! répondit Adolphe, j'aurais préféré dormir d'un bon somme; mais, puisque tu me piques au jeu, ni toi ni moi nous ne dormirons avant une heure du matin. J'allume un cigare et je commence.

L'histoire de l'origine des arbres et des plantes, de leur provenance, de leur importation en Europe, des modifications qu'ils ont subies par la domestication et la culture, voire du rôle qu'ils ont joué dans l'histoire, est encore une mine peu connue, que la science exploitera un jour avec succès, et qui dépassera en intérêt les romans les plus étranges.

La plupart des légumes, enfants véritables de l'industrie horticole, ne conservent guère aujourd'hui qu'un air voisin de famille avec les plantes sauvages desquelles elles tirent leur origine. Un Celte ou un Gaulois ne nous ressemble pas plus aujourd'hui qu'un chou pommé ne ressemble aux choux sauvages, *brassica sylvestris*, dont on ne retrouve point facilement, même sur les côtes maritimes de la Bretagne, leur patrie, quelques pieds ligneux et branchus.

M. Vilmorin s'est posé le problème de savoir combien de temps et de modifications successives il fallait à un légumineux pour passer de l'état sauvage à la forme et au goût qu'une longue culture donne aux espèces domestiques.

En mars 1833, il fit donc aux Barres (Loiret), dans une terre un peu forte, un premier semis de graines de carottes sauvages. Ces plantes montèrent ; elles devinrent très-fortes, ne produisirent que des racines immangeables.

A la quatrième génération seulement, en 1839, M. Vilmorin vit l'espèce commencer à s'améliorer.

Aujourd'hui, on distingue encore facilement la carotte en voie de domestication de la carotte tout à fait domestiquée. La racine de la première, quoique d'excellente qualité, conserve un aspect grossier et semble *chagrinée* à sa surface; la tige reste d'un vert plus dur et plus foncé que le vert des variétés anciennes. Ainsi la nature ne se rend point du premier coup aux tentatives de la science horticole.

C'est pas à pas, lentement, malgré elle et avec une résistance prolongée, qu'elle consent à céder. Même parmi les végétaux, l'esclave, si soumis qu'il soit, garde toujours quelque chose de son origine sauvage, et il lui faudrait peu de temps pour reprendre ses habitudes premières.

Vingt ans de culture rendent à peine une carotte sauvage semblable en tout point à une carotte domestique

En moins de deux ans, cette même carotte, transformée si difficilement, aura repris presque toutes ses allures et tous ses caractères sauvages, si on l'abandonne à elle-même.

Les rosiers foisonnent de toutes parts dans ton jardin, et y occupent encore plus de place que les carottes. Eh bien! leur histoire, dont je vais te dire quelques mots, te paraîtra, je l'espère, des plus curieuses, et occupera agréablement le reste de notre soirée.

Quelques auteurs ont voulu assigner à la plus belle des fleurs une patrie, une origine restreinte à une localité. « L'Orient, berceau des premiers hommes, dit « Boitard, est sa patrie, et les coteaux fleuris sur « lesquels s'appuie la chaîne sourcilleuse du Caucase se « sont parés les premiers de ce charmant arbuste, et « donnaient en même temps leur nom à la plus belle « race humaine. »

Je ne partage pas l'opinion des auteurs, et je m'appuie sur des faits que je pourrais puiser dans leurs propres ouvrages. Partout où la nature a placé des hommes, ses mains prévoyantes ont semé des végétaux propres à satisfaire leurs besoins, et il semblerait qu'elle a mis leurs plaisirs au nombre de ces derniers, car partout où naissent des végétaux utiles se trouvent aussi des fleurs dont le vif éclat et l'odeur délicieuse sont des objets attrayants pour toute l'espèce humaine.

A travers les moissons de blé dont se nourrissent les Européens, l'œil, agréablement surpris, se promène avec complaisance de la corolle azurée du bluet à celle du coquelicot éclatant. Au pied du maïs planté par l'Africain, les amaryllis odorantes, les superbes crinoles, les glaïeuls délicats, étalent leurs corolles parées des couleurs les plus vives et les plus variées. La rose des marais, le nénuphar doré et le nélombo élèvent leur tête au-dessus des eaux qui submergent les rizières de l'Inde et de l'Égypte. Les épidendres grimpants, la vanille odorante, parent de leurs corolles singulières les lieux dans lesquels croissent la cassave et le manioc; partout enfin la nature a semé l'agréable à côté de l'utile.

Mais la rose semble avoir été l'objet de sa prédilection particulière, car on la trouve partout, et, si nous ne connaissons pas celles des contrées brûlantes de l'Amérique méridionale, c'est probablement parce que nos naturalistes n'ont pas encore fouillé les montagnes élevées où la nature les a sans doute cachées. Je ne puis croire, comme le disent les botanistes, que toutes les espèces soient renfermées entre le 70e et le 20e degré de latitude, ce que démentent d'ailleurs la rose de Montézuma, celle d'Abyssinie, etc. Quoi qu'il en soit, il me paraît assez curieux de te faire une géographie des roses.

Nous allons chercher la rose dans toutes les contrées connues de la terre, et partout nous la verrons avec des grâces nouvelles, des attraits particuliers, qu'elle devra au climat et aux localités.

Nous en rencontrerons qui, attachées pour toujours au sol qui les a vues naître, ne fleurissent jamais dans d'autres pays, à moins que la main laborieuse d'un voyageur, à la fois botaniste et cultivateur, ne les ait arrachées du sein de leur patrie pour les transporter dans d'autres climats. Les unes étendent la sphère de leur pays natal à un continent entier, à une grande partie de ce continent ou à un royaume; les autres ne quittent jamais la province ou même la montagne, le rocher qui les a vues naître, et c'est vainement qu'on les chercherait partout ailleurs. C'est ainsi que la *rose poudreuse* (1) ne se trouve jamais qu'au pied du mont Baldo, en Italie; la *rose Lyon* (2) à Ténessée, dans l'Amérique septentrionale; tandis que la *rose des champs* (3) couvre toute l'Europe, et la *rose des haies* (4) envahit non-seulement l'Europe, mais encore une partie de l'Amérique et le nord de l'Asie.

Dans l'excursion botanique que nous allons faire autour du globe terrestre, je ne t'indiquerai pas toujours toutes les espèces de roses qui peuplent chaque contrée, mais seulement les plus remarquables par leur beauté et celles qui se prêtent le plus aisément à la culture.

L'hémisphère occidental, comprenant les deux Amériques, sera la première moitié de la terre que j'explorerai, et je commencerai par le nord.

Parmi les glaciers éternels qui couvrent les hautes montagnes du nord de l'Amérique septentrionale, au milieu de ces ours blancs affamés, de ces Groënlandais presque aussi bruts et aussi affamés que les ours contre lesquels ils sont obligés de défendre leur misérable vie, on voit, aussitôt que le soleil a fait disparaître les neiges des vallées, une charmante fleur, la *rose aux douces couleurs* (5), épanouir sa grande corolle rose, toujours solitaire sur sa tige. L'élégant arbrisseau qui la

---

(1) *Rosa pollinaria*, Spreng. Plant. min. cogn. pag. 2, p. 66.
(2) *Rosa Lyonii*, Pursh. Amér. sept. 1. 345.
(3) *Rosa arvensis*, Lin. Mant. 2. 245.
(4) *Rosa canina*, Lin. Sp. 703.
(5) *Rosa blanda*, Willd. Sp. 2. 1065.

porte peuple les déserts glacés qui se trouvent entre le 70e et le 75e degré de latitude nord.

Sous le cercle polaire, sur les côtes qui bordent la baie d'Hudson, si célèbre par ses énormes cétacés, on trouve communément la jolie *rose d'Hudson* (1), dont les rameaux effilés, mais gracieux, se couvrent au printemps de nombreux corymbes de fleurs doubles d'un rose pâle. On croirait que la nature a elle-même doublé ses charmantes corolles, parce qu'elle prévoyait que les Esquimaux, obligés de lutter sans cesse contre l'âpreté d'un climat glacé, d'arracher à la mer une nourriture souvent peu abondante, toujours malsaine, négligeraient la culture d'une terre ingrate et presque stérile.

A mesure que nous descendrons vers le midi, que les hommes seront moins malheureux, et par conséquent plus disposés à jouir des charmes que la nature sème autour d'eux, l'empire des roses s'agrandit.

Terre-Neuve, placée sous le 53e parallèle, et la terre de Labrador, un peu plus au nord, pays sur les côtes desquels plus de cent vaisseaux européens s'occupent annuellement à la pêche de la morue, possèdent, outre les deux roses dont nous venons de parler, deux espèces fort remarquables : la *rose à feuilles de frêne* (2) y ouvre des fleurs petites, rouges, à pétales découpés en cœur, et la *rose luisante* (3), d'un rouge brillant, ainsi que son fruit, aime à développer ses jolies petites co-

---

(1) *Rosa rapa*, var. *Hudsoniana*, Bosc. Dict. d'agric.
(2) *Rosa fraxinifolia*, Bork. Halz. 301.
(3) *Rosa nitida*, Willd. Enum 544.

rolles, en forme de coupe, sous l'ombrage des chétifs arbres verts dispersés çà et là sur les côtes. On voit souvent les Esquimaux parer de ces fleurs leur chevelure et les peaux de rennes et de phoques dont ils se couvrent.

La partie de l'Amérique septentrionale comprenant les États-Unis et les pays adjacents, encore peuplés par les anciens habitants, possède un grand nombre de roses.

Dans les marais de la Caroline, la *rose éclatante* (1) élève ses corymbes de fleurs rouges au-dessus des roseaux au milieu desquels elle aime à croître. La *rose de Wood* (2) se plaît à mirer ses pétales roses dans les flots du Missouri. Le *rosier de la Caroline* (3), également ami des eaux, laisse passer les chaleurs de l'été avant de décorer de ses fleurs les marais qu'il habite. La *rose étratine* (4) décore les lieux humides de la Caroline et de la Virginie. Si une main inexpérimentée l'arrache du bord ombragé d'un ruisseau qui l'a vue naître pour la transporter dans le sol riche, mais sec, d'un parterre, l'arbrisseau languit, et, malgré tous les soins, il cesse d'étaler au grand jour ses fleurs nombreuses, ordinairement doubles, d'un rouge pâle et d'une grandeur moyenne.

Le voyageur quitte-t-il le bord des fleuves et les savanes marécageuses pour pénétrer dans les forêts ? il rencon-

---

(1) *Rosa lucida*, Willd. Sp. 2. 1068.
(2) *Rosa Woodsii*, Lindl. Mon. p. 21.
(3) *Rosa carolina*, Willd. Sp. 2. 1069.
(4) *Rosa evratina*, Bosc. Dict. d'agr. 11. p. 256

tre au pied des collines rocailleuses le *rosier à rameaux diffus* (1), dont les fleurs roses, ordinairement deux à deux, paraissent au commencement de l'été. Sur le penchant des collines de la Pensylvanie, il verra le *rosier à petites fleurs* (2), arbrisseau petit, mais charmant, dont les fleurs doubles, élégantes, à demi ouvertes, teintes du rose le plus délicat, le disputent en beauté à toutes les autres roses de l'Amérique.

Sur le bord des forêts de la même province et de plusieurs autres États, croissent le *rosier à tiges droites* (3), à fleurs d'un rouge clair; le *rosier à feuilles de ronce* (4), dont les fleurs sont petites, d'un rouge pâle, ordinairement réunies trois ensemble; et enfin, dans la Caroline inférieure, le *rosier soyeux* (5), à fleurs rouges ayant leurs larges pétales en forme de cœur renversé.

Les créoles de la Géorgie entrelacent dans leur noire chevelure les fleurs grandes et blanches du *rosier lisse* (6), dont les tiges longues et grimpantes aiment à s'entortiller autour des plus grands arbres des forêts.

La dernière rose qui figure dans la Flore de l'Amérique est celle de *Montézuma* (7). Elle est odorante, d'un rouge pâle, solitaire, et ses rameaux sont dépourvus d'aiguillons pour la défendre. Elle se plaît sur les pics élevés du *Cerro-Ventoso*, près de la ville de San-Pedro,

---

(1) *Rosa diffusa*, Lindl. Mon. p 18, t. IV.
(2) *Rosa parviflora*, Willd. Sp. 2. 1066.
(3) *Rosa stricta*, Pronv. Somm. p. 19.
(4) *Rosa rubifolia*, Lindl. Mon. p. 128.
(5) *Rosa setigera*, Lindl. Mon. p. 128.
(6) *Rosa lævigata*, Lindl. Mon. 125.
(7) *Rosa Montezumæ*, Lindl. Mon. p. 96

dans le Mexique, où elle a été trouvée par MM. Humboldt et Bompland.

Cette rose, trouvée par M. Humboldt, n'est pas la seule du Mexique, car on en possédait dès le temps de la conquête : nous en trouvons la preuve incontestable dans l'histoire d'Espagne. Aldérète, à la tête des conquérants du Mexique, chargea de fers et fit mettre sur des charbons ardents l'infortuné empereur Guatimozin et son favori pour les obliger, par ce supplice, à déclarer où étaient les trésors de l'empire. Le ministre, cédant enfin à sa douleur, jette quelques cris. Guatimozin le regarde : « *Et moi*, lui dit-il, *suis-je sur des roses?*

On ne connaît de l'hémisphère occidental que les roses que je viens de mentionner, mais il est à présumer que par la suite on en découvrira davantage, car il est bien remarquable que les botanistes placent le plus grand nombre d'espèces dans les pays qui ont été le plus herborisés, et ils attribuent à des raisons physiques et géographiques ce qui n'est sans doute que le résultat de notre ignorance relativement à la végétation des pays où, prétendent-ils, ne croissent point de roses.

Jamais on ne persuadera un homme, qui a pu juger de la prodigalité qu'a mise la nature à enrichir la végétation de tous les pays, que la France seule possède vingt-quatre espèces de rosiers, tous décrits par de Candolle (1), tandis que les deux Amériques n'en ont que quatorze.

Je ne croirai pas davantage que les rosiers cessent de croître au-dessous du 20e parallèle, tandis que M. Salt en

---

1) *Flore française*, tom. IV, p. 437

a rapporté une nouvelle espèce très-caractérisée de l'Abyssinie, sous le 10e degré de latitude.

Toutes les roses de l'Amérique, si l'on en excepte celles de *Montézuma* et *à tiges droites*, ont beaucoup de ressemblance avec nos espèces d'Europe, et pourraient se ranger assez bien, pour la plupart, dans la série des *roses cannelles*.

L'hémisphère oriental, se composant de quatre des parties du monde, l'Australie, l'Asie, l'Europe et l'Afrique, nous offrira trois points spéciaux pour nos recherches, en attendant qu'on ait suffisamment herborisé dans l'Archipel.

Nous commencerons par l'Asie, la plus vaste portion de l'ancien continent, et celle qui passe pour le berceau des premiers hommes. A elle seule, elle possède autant d'espèces de roses que tout le reste de la terre, et le nombre de celles qui y ont été suffisamment étudiées ne monte pas à moins de trente-neuf.

La Chine, ce vaste empire, possède sans doute un grand nombre d'espèces de rosiers; mais jusqu'à ce jour nous n'en connaissons que quinze, dont la plupart sont cultivées avec le plus grand soin.

Le *rosier toujours fleuri* (1) se fait remarquer par ses feuilles souvent à trois folioles, et quelquefois n'en ayant qu'une. Ses fleurs, presque sans odeur, d'un rouge clair et peu éclatant, produisent cependant un joli effet lorsqu'elles ne sont pas encore tout à fait écloses. On y recueille encore le *rosier de la Chine* (2), que beaucoup

---

(1) *Rosa semperflorens*, PRONV. Nomencl. p. 101.
(2) *Rosa sinensis*, LINDL. *Rosa semperflorens*, WILLD. Sp. 2 1078. — PERS. Syn. n. 42.

de botanistes ont confondu avec le premier, et dont les fleurs, d'un rouge superbe, se succèdent sans interruption pendant toute la belle saison.

Parmi les plus jolis rosiers de la Chine, un surtout se fait remarquer comme une charmante petite miniature, dont les tiges, pleines d'élégance, ne s'élèvent guère que de trois à cinq pouces; et dont les fleurs, qui se succèdent toute l'année, dépassent rarement la grandeur d'une pièce d'un franc : c'est le *rosier de Lawrence* (1).

Ce pygmée du genre diffère de tous les autres nains connus en botanique et même en zoologie par l'harmonie de ses proportions, ce qui est extraordinairement rare parmi ces sortes d'anomalies. Souvent, à côté de celui-ci, on rencontre la *rose multiflore* (2), dont les rameaux flexibles atteignent quinze ou seize pieds de hauteur. Ses fleurs sont petites, doubles, d'un rose pâle; mais elles se réunissent en grand nombre sur le même rameau pour former de très-jolis bouquets.

Contre les rochers qui couronnent les collines peu escarpées, on voit monter, en forme d'agréables rideaux de verdure, les tiges grimpantes du *rosier de Banks* (3). Ses rameaux se couvrent d'un grand nombre de petites fleurs très-doubles, penchées, d'un blanc un peu jaunâtre, fort remarquables par l'agréable odeur de violette qu'elles exhalent.

Parmi les rosiers à fleurs doubles qui parent les cam-

---

(1) *Rosa Lawrenceana*, Welt. Hort. sub Lond.
(2) *Rosa multiflora*, Willd. Sp. 2. 1077.
(3) *Rosa Banksiæ*, Lindl. Mon. 131.

pagnes et les jardins du vaste empire de la Chine, nous remarquerons encore le *rosier à petites feuilles* (1), auquel les Chinois donnent le nom d'*hai-tong-hong*, et qu'ils cultivent avec soin, à cause de la délicatesse de son feuillage et de l'agrément de ses petites fleurs très-doubles et d'un rouge pâle (2).

La Cochinchine, placée entre le 10e et le 20e degré de latitude, nous offre plusieurs *rosiers de la Chine*, et quelques-uns lui sont particuliers. Parmi ces derniers, nous citerons la *rose blanche* (3), que nous retrouvons indigène en Piémont, en France et dans les autres parties de l'Europe; le *rosier très-épineux* (4) porte des fleurs inodores et couleur de chair.

Le Japon, entre le 30e et le 40e parallèle, possède également une grande partie des roses de la Chine, et entre autres la *multiflore*. Il en est une qui paraît lui être particulière : c'est le *rosier rugueux* (5), dont la fleur solitaire offre quelque ressemblance avec celle du *rosier de Kamtschatka*.

Si nous embrassons toute la partie méridionale de l'Asie avec les différentes parties de l'Inde, nous trouverons encore beaucoup d'espèces remarquables. Le

---

(1) *Rosa microphylla*, Lindl. Mon., p. 19, add.

(2) Les autres rosiers connus de la Chine sont les *rosa : histrix*, Lindl. Mon., p. 129; — *microcarpa*, Lindl. Mon. p. 130; — *pseudo, indica*, Lindl. Bibl. Lambert; — *xanthina*, Lindl. Bibl. Lambert; — *triphylla*, Roxb. fl. ind.; — *cinnamomea*. Lour. Coch. 323. — *bracteata*, Lindl. Mon., p. 10; — *indica*, Redout. Ros. 161, t. XIX; — *sinica*, Lindl. Mon., p. 126. — *etc.*

(3) *Rosa alba*, Lindl. Mon., p. 81.

(4) *Rosa spinosissima*, Lour. Coch. 323.

(5) *Rosa rugosa*, Lindl. Mon., p. 5

nord de l'Inde en possède six, dont deux appartiennent également à la Chine. Parmi les quatre autres, deux sont indigènes du Népaul. Le *rosier de Lyell* (1), remarquable par ses fleurs nombreuses et d'un blanc de lait, fleurit dans nos jardins où il a été transporté, pendant une grande partie de l'été et résiste assez bien aux rigueurs de nos hivers. La même contrée nous offre encore la *rose de Brown* (2), à pétales également d'un beau blanc, et d'autres espèces peu connues.

En nous rapprochant du midi, nous trouvons dans le Gossan-Than le *rosier à grandes feuilles* (3); il présente quelque rapport avec notre *rosier des Alpes*, mais ne peut néanmoins être confondu avec lui. Ses fleurs sont blanchâtres et ses pétales portent au sommet une petite pointe rouge. A côté de celui-ci fleurit le *rosier soyeux* (4), dont le dessous des folioles présente un tissu satiné avec tout le velouté et le brillant de la soie. Ses fleurs se penchent solitaires.

Les rives brûlantes du golfe de Bengale se parent au printemps d'une jolie rose blanche, qui se rencontre également au Népaule et dans la Chine. Les fleurs du *rosier involucré* (5) blanches, presque solitaires, s'entourent de trois ou quatre feuilles qui leur forment une gracieuse collerette. Le tigre du Bengale, le crocodile du Gange, se cachent quelquefois, pour attendre leur proie,

---

(1) *Rosa Lyellii*, Lindl. Mon., p. 12. f. 2.
(2) *Rosa Brunnonii*, Lindl. Mon., p. 120
(3) *Rosa macrophylla*, Lindl. Mon , p. 33.
(4) *Rosa sericea*, Lindl. Mon., p. 105
(5) *Rosa involucrata*, Lindl. Mon., p. 105.

dans les touffes épaisses du *rosier toujours fleuri* (1), dont le feuillage reste éternellement vert, dont les fleurs rouges se succèdent sans cesse. Il existe aussi à la Chine.

Dans les jardins de Kandahar, de Samarkand et d'Ispahan, les Persans cultivent le *rosier en arbre* (2), dont les tiges s'élèvent à la hauteur d'un grand arbrisseau, et se couvrent au printemps de nombreuses fleurs blanches et odorantes. C'est là aussi que croît spontanément le *rosier à feuilles de vinettier* (3), qui diffère tant de tous les arbrisseaux de son genre, que l'on serait tenté de l'en retirer. Ses feuilles sont simples, sans folioles, et ses fleurs jaunes, ouvertes en étoiles, marquées dans le centre d'une large tache d'un cramoisi foncé.

Le *rosier de Damas* (4), transporté dans nos climats par les chevaliers qui accompagnèrent saint Louis dans sa croisade, a fourni à nos cultivateurs un grand nombre de variétés, toutes fort belles ; il pare de ses fleurs nombreuses et en corymbe les solitudes sablonneuses de la Syrie.

Aux derniers confins de l'Asie méridionale, près de Constantinople, la *rose jaune* (5) étale ses fleurs très-doubles et d'un jaune étincelant.

En remontant vers le nord, dans la partie occiden-

---

(1) *Rosa semperflorens*. PRONV. Mon., p. 101.
(2) *Rosa arborea*, PERS. Syn. 2. 50. C'est peut-être la même que la *rosa moschata*.
(3) *Rosa berberifolia*, WILLD, sp. pl. 1, p. 106
(4) *Rosa damascena*, LINDL. Mon., p. 62.
(5) *Rosa sulfurea*, WILLD. Sp. 2. 1065.

tale de l'Asie, les Géorgiennes et les Circassiennes se parent de la plus belle des roses. C'est dans les contrées qui avoisinent le Caucase que la *rose cent-feuilles* (1) a pris naissance. Tout ce que nous pourrions dire de sa beauté, de la douce odeur qu'elle exhale, serait encore au-dessous de la réalité. Le *rosier féroce* (2) mêle quelquefois ses grandes fleurs rouges à celles de la *cent-feuilles,* et la *rose pulvérulente* (3) se fait remarquer sur le penchant du pic de Mazana, qui tient au Caucase.

Nous commencerons notre herborisation du nord de l'Asie par la Sibérie. Le *rosier à grandes fleurs* (4), dont la corolle affecte les formes élégantes d'une coupe antique; celui *du Caucase* (5), dont les fruits très-gros renferment une pulpe molle; le *rosier jaunâtre,* dont l'aspect est aussi triste que celui des habitants du pays qu'il habite, habitent les parties qui s'éloignent le moins du Caucase. En se rapprochant de la mer Glaciale jusque sous le cercle polaire, dans les plaines d'Iset et de Jenisch, entre les monts Ourals et la Daourie, croît la *rose rougeâtre* (6), dont les pétales sont quelquefois d'un rouge très-foncé, mais plus ordinairement pâles et décolorés. Plus au nord, on rencontre le *rosier aciculaire* (7), à fleurs solitaires et d'un rouge pâle

---

(1) *Rosa centifolia,* LINDL. Sp. 704.
(2) *Rosa ferox,* LAWR, Roses, t. XLII.
(3) *Rosa pulverulenta,* LINDL. Mon., 93.
(4) *Rosa grandiflora,* LINDL. Mon., p. 53
(5) *Rosa caucasea,* LINDL. Mon., p. 97.
(6) *Rosa rubella,* LINDL. Mon., p. 40.
(7) *Rosa acicularis,* LINDL. Mon., p 44.

Enfin, dix à douze autres espèces croissent encore dans les possessions russes du nord de l'Asie, et, parmi celles-là, nous citerons la *rose du Kamtschatka* (1), remarquable par ses fleurs solitaires et d'un blanc rougeâtre.

Puisque nous avons commencé par les roses étrangères, voyons quelles roses possède l'Afrique.

Sur les bords de la vaste mer de sable du Sahara, dans toute la Barbarie, et principalement dans les plaines qui avoisinent Tunis, le *rosier musqué* (2) étale ses nombreux corymbes de fleurs blanches, exhalant une légère odeur de musc. Cette charmante espèce se trouve encore en Égypte, à Maroc, à Mogador et jusque dans l'île de Madère.

En Égypte croît le *rosier des haies* (3), si commun dans toute l'Europe.

Dans les montagnes de l'Abyssinie on rencontre une rose qui a conservé le nom du pays qu'elle habite (4). Son feuillage est toujours vert et ses fleurs sont rouges.

Deux autres espèces croissent encore dans la partie septentrionale de l'Afrique, et l'on ignore celles qui peuplent l'intérieur de cette immense contrée.

Nous commencerons à explorer l'Europe par le nord, et, en nous écartant un peu à l'occident, nous trouverons l'Islande. Cette terre, que les feux dévorants des volcans et les glaces éternelles des pôles semblent se disputer, n'offre qu'une soixantaine de végétaux à l'obser-

---

(1) *Rosa kamtschatica*, Vent. cels. t. LXVII
(2) *Rosa moschata*, Lindl. Mon., p. 121.
(3) *Rosa canina*, Linn. Sp. 107.
(4) *Rosa abyssinica*, Lindl. Mon., p. 116.

vation des botanistes, si l'on en retranche quelques mousses et quelques lichens. La végétation y est tellement rare, tellement pauvre, que les habitants nourrissent leurs chevaux, leurs vaches et leurs moutons avec des poissons desséchés. Et cependant, à travers les fissures de ses roches stériles, croît spontanément le *rosier épineux* (1), à fleurs pâles, solitaires, affectant la forme d'une coupe.

Dans la Laponie, pays aussi disgracié de la nature que l'Islande, on voit briller, presque sous la neige, l'incarnat vif de la jolie petite *rose de mai* (2). Il semble que la nature ait placé là une des plus jolies fleurs de ce genre pour distraire les Lapons des montagnes de glace et des plaines de neige qui leur fatiguent les yeux pendant neuf mois de l'année.

On retrouve cette espèce en Norwége, en Danemark et en Suède.

Les Lapons rencontrent encore à travers les chétifs arbres verts, dont leurs rennes vont manger les mousses et les lichens parasites, la *rose rougeâtre* (3), dont les fleurs semblent quelquefois d'un rouge de sang.

Les roses : *rouillée* (4), à *fleurs pâles,* réunies deux ou trois ensemble; *de mai* (5); *cannelle* (6), à *fleurs simples ou doubles*, petites et d'un rouges pâle, ainsi

---

(1) *Rosa spinosissima*, Lindl. Mon., p. 50.
(2) *Rosa maïalis*, Lindl. Mon., p. 34.
(3) *Rosa rubella*, Enc. bot. 2521.
(4) *Rosa rubiginosa*, Lindl. Mon., p. 86
(5) *Rosa maïalis*, Lindl. Mon., p. 34.
(6) *Rosa cinnamomea*, Linn. Sp. 703.

que plusieurs autres espèces, croissent en Danemark, en Suède, en Russie et dans tout le nord de l'Europe.

Dix espèces environ sont indigènes à l'Angleterre. La rose à pétales roulés (1) se plaît à montrer son feuillage sombre et ses grandes fleurs rouges et blanches au milieu des forêts de sapins qui croissent sur les montagnes de l'Écosse. On dirait qu'elle a contracté les habitudes des arbres résineux qui la protégent, car ses feuilles, lorsqu'on les froisse, exhalent une odeur très prononcée de térébenthine. Les mêmes montagnes possèdent encore les roses : *sabine* (2), arbrisseau à fleurs souvent réunies; *velue* (3), à *fleurs blanches* ou d'un rouge foncé (4).

Les environs de Belfast, en Irlande, sont le seul endroit du monde où croît spontanément le *rosier irlandais* (5), arbrisseau insignifiant, mais qui a fourni le sujet d'une anecdote assez singulière. Les professeurs et les amateurs de botanique de Dublin promirent un jour cinquante guinées à celui qui découvrirait en Irlande une plante indigène nouvelle. M. Templeton, pour répondre aux vœux des savants irlandais, leur produisit ce rosier et reçut les cinquante guinées de récompense. Ce qu'il y a de piquant, c'est que le *rosier irlandais* n'est rien autre chose que le *spinosissima* quand il croît dans un sol ingrat, et le *canina* dans les terres grasses et fertiles.

---

(1) *Rosa involuta*, LINDL. Mon., p. 56.
(2) *Rosa sabini*, LINDL. Mon., p. 59.
(3) *Rosa villosa*, LINN. Sp. pl. 704.
(4) *Rosa canina*, LINN. Sp. 107.
(5) *Rosa hibernica*, LIND. Mon., p. 82.

L'Allemagne, qui paraît la partie de l'Europe la moins riche en rosiers, en possède cependant de fort remarquables. Parmi les plus intéressants je te citerai le *rosier à fruit turbiné* (1), dont les fleurs très-doubles reposent sur un ovaire en forme de toupie, et le *rosier des champs* (2), à fleurs grandes, rouges et doubles.

Les montagnes de la Suisse, et en général toute la chaîne des Alpes, foisonne de rosiers. On y trouve très-communément le *rosier des champs*, que je viens de citer, et entre autres espèces : la *rose des Alpes* (3), arbrisseau très-élégant, à fleurs rouges, solitaires, ayant fourni à la culture un grand nombre de variétés; le *rosier à folioles aiguillonnées* (4), dont les fleurs moyennes, d'un rouge pâle, attirent moins l'attention que ses folioles épineuses, exhalant, lorsqu'on les froisse, une odeur de térébenthine.

Il est fort singulier que les deux rosiers qui se plaisent de préférence sur les montagnes couvertes de pins et de sapins, celui-ci et le rosier à pétales roulés des montagnes d'Écosse, soient les seuls qui exhalent cette odeur de térébenthine.

Nous citerons encore parmi les espèces remarquables des Alpes suisses, savoyardes et françaises, le *rosier à feuilles rouges* (5), dont les tiges de la même couleur et les petites roses d'un rouge foncé se détachent agréablement sur le feuillage des autres arbrisseaux.

---

(1) *Rosa turbinata*, Willd. l. 2. 1073.
(2) *Rosa arvensis*, Lindl. Mon., p. 12.
(3) *Rosa alpina*, Linn. Sp. 703.
(4) *Rosa spinulifolia*, Dematre. Ess. p. 7. Sp. 10.
(5) *Rosa rubrifolia*, Willd. Delph. 3. 549

Dans la partie orientale et méridionale de l'Europe on trouve beaucoup de rosiers, dont un grand nombre n'a pas encore été décrit. C'est ainsi que la Crimée ne nous en fournit pas un seul qui soit connu.

La Grèce et la Sicile possèdent le *rosier glutineux* (1), aux folioles glanduleuses et visqueuses sur leurs deux surfaces. Ses fleurs sont petites, solitaires et d'un rouge pâle.

L'Italie et l'Espagne ont aussi des espèces spéciales. Le *rosier de Pollin* (2) a de belles grandes fleurs pourpres, réunies deux à trois ensemble, et se trouve dans les environs de Vérone sur le mont Baldo. Le *rosier musqué* (3) et le *rosier d'Espagne* (4) croissent tous deux en Espagne. Ses fleurs, d'un rouge clair, paraissent en mai.

Le *rosier toujours vert* (5), commun aux îles Baléares, croît spontanément dans tout le midi de l'Europe et se trouve également en Barbarie. Ses rameaux grimpants restent continuellement parés d'un feuillage d'un vert luisant, entremêlé de fleurs très-nombreuses, blanches et odorantes.

Il me reste à parler de la France, et tu constateras que notre pays n'a pas été moins favorisé par la nature sous le rapport des roses que sous celui des autres richesses végétales.

Ouvre la Flore française de Candolle, tu y verras que dix-neuf espèces sont indigènes dans nos bois; aucun

---

(1) *Rosa glutinosa*, Lindl. Mon., p. 93.
(2) *Rosa pollinaria*, Pollin. Plant. veron. 13
(3) *Rosa moschata*, Willd. Sp. 2. 1074
(4) *Rosa hispanica*, Miller. Dict. n. 7.
(5) *Rosa semper virens*, Lindl. Mon., p. 117.

royaume du monde, pas même celui de la Chine, ne peut en compter autant. Aussi n'est-il pas une haie, un buisson, qui n'en possède une ou plusieurs espèces. Je ne te signalerai que les plus belles.

Dans le Midi, on voit briller au milieu de tous les rosiers la *rose jaune* (1), aux pétales dorés, et ses charmantes variétés, à corolles d'un beau rouge de capucine, ou panachées de jaune et de rouge. C'est une des espèces qui tranchent le plus avec les autres.

Le *rosier à feuilles de pimprenelle* (2) se plaît dans les terrains sablonneux d'une grande partie du midi de la France. Ses fleurs blanches, à onglet jaune, fournissent plusieurs charmantes variétés à la culture. Dans les bois de l'Auvergne, dans ceux du département des Vosges et dans plusieurs autres localités croît le *rosier cannelle* (3), qui doit son nom à la couleur de ses tiges. Ses fleurs sont petites, rouges et solitaires. La *rose de Champagne* (4), une des plus jolies miniatures de nos parterres, orne les riches coteaux des environs de Dijon, porte de petites fleurs solitaires, toujours très-doubles, d'un beau pourpre. Le *rosier de France* (5) est un de ceux qui a donné les plus nombreuses et les plus belles variétés; ses fleurs affectent un grand nombre de nuances. Celles que l'on désigne sous le nom de *roses de Provins* sont quelquefois très-agréablement panachées de bandes blanches, roses et purpurines.

---

(1) *Rosa eglanteria*, LINN. Sp. 703.
(2) *Rosa spinosissima*, LINN. Sp. 705
(3) *Rosa cinnamomea*, LINN. Sp. 703.
(4) *Rosa parvifolia*, WILLD. Sp. 2. 1078.
(5) *Rosa gallica*, LINN. Sp. 704.

Dans le département des Pyrénées-Orientales croît spontanément le *rosier musqué* (1), bel arbrisseau dont les fleurs nombreuses, en corymbe, exhalent une odeur agréable d'une légère analogie avec le musc, et fournissent une huile essentielle très-aromatique ; tu en connais une variété charmante, à fleurs doubles, nommée *rose-muscade.*

Le *rosier blanc* (2), commun dans nos haies et sur presque toutes nos collines boisées, se cultive dans nos jardins, où il a produit un grand nombre de variétés. N'oublions pas la *rose des haies* (3), non point à cause de ses jolies fleurs d'un blanc rosé, mais bien à cause de ses tiges élégantes, droites, vigoureuses, appelées par les cultivateurs *églantiers* et si précieuses pour recevoir la greffe de toutes les espèces et de toutes les variétés.

Cette esquisse rapide de la géographie des roses établit suffisamment, je crois, que la patrie de cette charmante fleur n'est pas seulement l'Orient, comme le disent certains savants.

De tout temps on a célébré la rose et on l'a proclamée la reine des fleurs.

Dans les temps antiques, Hérodote, Aristote, Théophraste et Athénée ont écrit sur les roses, mais tout ce que nous pouvons apprendre d'eux, c'est que déjà on en cultivait des variétés à fleurs doubles, entre autres la *cent-feuilles.*

Pline en décrit quelques espèces, et il est remarquable

---

(1) *Rosa moschata*, De Cand. Fl. fr. n. 3715.
(2) *Rosa alba*, Lindl Sp. 705.
(2) *Rosa canina*, Linn. Sp. 704.

qu'il ne parle pas de la *rose bifère* des environs de Pœstum, que Virgile a chantée.

Pendant les siècles de barbarie qui enveloppèrent l'Europe de leurs épaisses ténèbres, la botanique resta entièrement négligée, et la rose, quoique toujours la reine des jardins, quoique toujours cultivée et même recommandée par les capitulaires de Charlemagne, n'occupa spécialement la plume d'aucun écrivain.

Le seizième siècle arriva; la botanique devint une science, et la rose trouva des historiens. Déjà, en 1581, Lobel en décrivait dix espèces qu'il fit dessiner et graver (1). Bauhin en porta le nombre à dix-neuf (2).

Depuis, les roses ont été étudiées et le nombre des espèces s'est progressivement accru. Murray en décrit vingt et une (3), Wildenow trente-neuf (4), et Persoon quarante-six (5).

En 1785, un cultivateur botaniste, Miller, a publié son *Dictionnaire des Jardiniers* (6), qui faisait déjà monter le nombre des espèces à trente et une. Cet ouvrage, entièrement refondu par Martyne, professeur à l'Université de Cambridge, renferme la liste d'un grand nombre de variétés cultivées en Angleterre.

---

(1) *Plantarum seu stirpium icones*, tom. 1,2.

(2) Car. Bauhini, Pinax theatri botanici, 1620.

(3) C. Linné, *System. vegetabilium*. And Murray, 1 vol. in-8., Gottingæ, 1784.

(4) C. Linné, *Species plantarum*, Cur. C. L. Wilden. Berolini, 1797, 1810.

(5) *Synopsis plantarum*.

(6) *Dictionnaire des Jardiniers*, par P.-H. Miller, traduct. de M. de M. de Chazelles. Paris, 1785, 8 vol. in-4°, avec supplément, 1789, 2 vol. in-4°.

Dumont de Courset, autre cultivateur instruit, publia en 1811 la seconde édition de son *Botaniste cultivateur*, dans laquelle figurent trente-sept espèces de rosiers qu'il cultivait dans son immense jardin de Courset, près de Boulogne.

Enfin, dans la partie botanique de l'*Encyclopédie méthodique*, partie traitée par de Lamark et Poiret, le nombre des espèces augmente jusqu'à soixante-cinq, sans compter quelques autres espèces peu connues.

Depuis, les auteurs ont augmenté ou diminué le nombre des rosiers, en raison de leurs préjugés et de leurs vues particulières.

Bosc, auteur de l'article rosier dans le *Dictionnaire d'agriculture*, a réduit le nombre des espèces à quarante-deux.

Les anciens attribuait à la rose toutes sortes de vertus merveilleuses et la regardaient comme un puissant astringent. Soumise à l'analyse chimique, ces vertus imaginaires se sont évanouies en fumée.

La rose produit un effet singulier sur certaines organisations, et puisque je t'ai longuement exposé la légende scientifique de la rose, je vais te raconter sa légende historique ou romanesque, comme tu voudras l'appeler.

J'emprunte ce récit aux auteurs contemporains d'Anne d'Autriche et aux Mémoires du temps.

Toutefois, avant que je commence, remonte le ressort de la lampe dont la mèche commence à charbonner et la lumière à baisser.

L'instituteur ranima la lampe et Adolphe reprit en ces termes :

CHAPITRE SEPTIÈME.

QU'IL NE FAUT PAS TROP AIMER LES ROSES.

Un vieux livre intitulé les *Visions admirables du pèlerin du Parnasse ou divertissement des bonnes compagnies et des esprits curieux*, publié en 1625, raconte l'histoire des cabarets les plus célèbres de Paris, au dix-septième siècle.

Il en donne les enseignes et en fait la description.

A cette époque la *Pomme de Pin*, qui devait, plus tard, être adoptée par Chapelle et par Boileau, avait momentanément perdu de la haute réputation que lui avait faite autrefois d'abord Rabelais, puis le poëte Regnier. Située près du pont Notre-Dame, en face de l'église de la Madeleine, la *Pomme de Pin* n'était alors fréquentée que par les étudiants, en mémoire de l'historien de *Pantagruel* et de frère *Jean des Entommoirs*.

La *Grosse tête*, établie un peu plus loin que le Palais, avait hérité de la vogue et de la célébrité de la *Pomme de pin*, et jouissait du privilége de recevoir les beaux esprits du temps. Les dévots, en sortant de Saint-Eustache, allaient déjeuner chez *Cornier*; le populaire alternait ses stations bachiques à *Saint-Martin*, à *l'Aigle royal* et au *Riche Laboureur*, près des confrères Saint-Mathurin; les truands et les gens de besace se réfugiaient à *Clamar*.

Les plaideurs et la bazoche du Châtelet fréquentaient

le Grand Cornet ou *la Table du valeureux Roland*, masure presque monumentale que la tradition faisait remonter jusqu'à cet illustre paladin, et qui comptait avec orgueil parmi ses chartes fabuleuses le dernier écot des douze pairs de Charlemagne.

La crainte des recors entraînait plus loin quelques misérables victimes de la chicane, qui dissipaient du moins leurs derniers écus dans une oublieuse sécurité à l'enseigne de *la Galère* ou à celle de *l'Eschiquier*.

Les courtisans, que leur ambition ou leurs affaires retenaient trop longtemps au Louvre, trouvaient bon gîte et chère lie chez *la Boisselière*, mais ce n'était pas lieu d'aubaine pour les poëtes et pour les enfants sans souci. *La Boisselière* ne faisait jamais crédit, et l'on ne dînait pas chez elle à moins de dix livres tournois, somme inconcevable pour le temps.

Les *Trois Entonnoirs*, près des Carreaux, se distinguaient par leur excellent vin de Beaune, celui des vins de France dont on faisait alors le plus de cas, et que certains gourmets estimaient hardiment à l'égal de ceux d'Espagne et d'Italie.

Du côté du Mail, il fallait choisir entre *l'Escu* et *la Bastille*; mais *l'Escharpe* était la plus choyée des tavernes du Marais. C'est l'hôte de ce cabaret qui a inventé les *cabinets particuliers*. Telle était la vogue de *l'Escharpe* qu'elle fit négliger jusqu'à l'*Hôtel du Petit-Saint-Antoine*, jusqu'aux *Torches* si bien famées du cimetière Saint-Jean, jusqu'aux *Trois Quilliers* de la rue aux Ours, qui avaient bravé pendant une longue suite d'années toute espèce de comparaison et qui devinrent un mauvais cabaret.

Donc, si l'on se résignait à mal manger pour peu d'argent, il fallait aller s'asseoir aux grandes tables de bois des *Trois Quilliers*, et ce fut en effet dans cette taverne qu'entra, par instinct, un jeune homme, selon toutes les apparences, plus léger d'argent qu'il ne sied à un voyageur arrivant dans la grande et coûteuse ville de Paris. Agé d'environ dix-huit ans, pâle et frêle de corps, on devinait, à son grand bâton, au sac qu'il portait attaché sur ses épaules, et plus encore à ses guêtres enduites de terres et de boues de différentes couleurs, qu'il avait entrepris à pied un long voyage avant que de se trouver dans Paris. Peu familier avec les habitudes des tavernes, il regarda quelques instants, du dehors, la salle intérieure des *Trois Quilliers;* puis, après avoir hésité trois ou quatre secondes, il parut s'armer de résolution, entra brusquement et alla s'asseoir le plus près possible d'une grande étuve qui jetait dans la salle enfumée une chaleur suffoquante et lourde.

Il n'était pas encore établi sur le banc de bois que la cabaretière, comme toutes les maîtresses d'établissement mal achalandé, vint demander avec empressement au nouveau venu ce qu'il désirait qu'on lui servît.

Du vin, du fromage et du pain, répondit le jeune homme.

Un gros éclat de rire partit de l'un des coins les plus obscurs de la taverne, et salua cette modeste commande de repas. Le jeune homme fronça le sourcil, chercha, du regard, à démêler dans l'ombre quel mauvais plaisant se permettait ce rire impertinent et rapprocha son bâton de la table.

Néanmoins il oublia bientôt sa colère pour se livrer

tout entier à un appétit qui semblait n'avoir pas été satisfait depuis longtemps, et il faisait sauter les miettes au plancher quand un autre jeune homme, à peu près de son âge, et qui portait à son chaperon un gros bouquet de roses, entra dans le cabaret; mais celui-là le fit résolûment et en garçon sans timidité.

— Holà! hé! s'écria-t-il en frappant de son bâton sur la table : holà! quelqu'un! L'hôtesse! qu'on me serve!

La cabaretière accourut empressée et avec la certitude de s'entendre commander un repas d'importance :

— Que plaît-il à mon jeune seigneur qu'on lui serve? demanda-t-elle avec une de ses mines les plus avenantes.

— Et qu'avez-vous à me servir? répliqua-t-il en passant la main dans ses beaux cheveux noirs qu'il rangea coquettement sur son front.

— Tout ce qu'il vous plaira : d'abord une fricassée de lapin à se manger les doigts en y léchant la sauce.

— A Paris, le lapin ressemble trop au chat. Passons à autre chose.

— Je vous proposerai alors une excellente assiette de tripes de bœuf qui cuisent et mijotent là, depuis le point du jour, sur mon fourneau.

— Je ne suis point de Caen pour me nourrir de pareilles gargoteries : d'ailleurs c'est un reste de votre vente d'hier ou d'avant-hier, car aujourd'hui nous avons jour d'abstinence; et vous n'induiriez pas vos hôtes en péché mortel si vous ne craigniez que les vers ne mangeassent demain ce que vos pratiques ne mangeraient pas aujourd'hui.

— Que voulez-vous? Parlez, et ne me faites point ainsi perdre mon temps, interrompit l'hôtesse, qui changea tout à coup ses manières avenantes en façons revêches.

Le jeune homme croisa solennellement sa jambe gauche sur sa jambe droite, posa son coude sur la table, pencha la tête en arrière et dit avec une emphase bouffonne : du vin, du fromage et du pain !

Le gros rire dont avait failli se fâcher tout à l'heure l'autre jeune homme se fit entendre une seconde fois et se prolongea tellement que celui qui l'avait excité finit par s'en fâcher.

— Holà, mon maître! s'écria-t-il, en allant vers le rieur, vous plairait-il de me dire ce qui vous vaut tant de gaîté ?

— Pardieu ! reprit un gros homme à face rougeaude déjà passablement aviné, et qui montra, en s'étirant avec nonchalance, deux poings énormes et des épaules d'athlètes : pardieu ! c'est la composition modeste de votre déjeuner.

— J'entends la plaisanterie aussi bien qu'un autre, ajouta le jeune homme évidemment adouci par la vue de son robuste adversaire, mais je ne veux pas qu'on en abuse à mon égard : je ne vous engage donc pas à recommencer.

— Et je ne recommencerai point non plus, mon jeune coq. Çà, touchez là et venez vous asseoir à côté de moi. Malgré votre goût prononcé pour le pain et le fromage, malgré qu'il soit, à votre calendrier, jeûne et abstinence, je crois que vous ne serez point fâché de dire *gratis pro Deo* deux mots à cette éclanche de mouton, dont il reste encore de quoi satisfaire un appétit même plus robuste que le vôtre. Si le jeune cavalier qui se trouve près de vous, et qui partage votre goût pour le fromage, voulait nous faire le même plaisir, nous trinquerions ensemble tous les trois, et nous boirions ensemble à notre bonne arrivée à Paris. J'espère d'autant plus sur sa complaisance à ne point refuser mon offre que je l'ai reconnu pour Flamand à sa manière de prononcer certaines paroles et que je suis son compatriote.

Il ajouta quelques mots en flamand, et les deux jeunes gens se levèrent et vinrent s'asseoir près de leur amphytrion. En effet, il eût été difficile de résister aux avances de cet homme dont la physionomie commune et insoucieuse respirait une bonhomie entraînante. Placé entre ses deux nouveaux amis, il leur versa pleine rasade, ne s'oublia point lui-même, et ne tarda point à chanter une ballade flamande à laquelle son jeune compatriote, qui ne put entendre sans émotion et sans plaisir cet air patriotique, finit par mêler sa voix. Bientôt même, entraîné par l'exemple de son compagnon, il entonna une autre de ces ballades qui commence par les vers suivants :

Il faut boire, mes camarades,
Il faut boire à pleines rasades;
Au diable la sagesse! il n'est qu'un seul vrai bien
C'est de boire et de boire bien.

Mais à peine en avait-il dit les premières paroles que leur amphitryon devint pâle, remit sur la table le verre qu'il portait à ses lèvres et fondit en larmes.

— Silence ! s'écria-t-il, silence, au nom du ciel ! silence, car vous me déchirez le cœur, jeune homme; vous me rappelez que je suis un lâche et un infâme; que j'ai fait mourir de chagrin une pauvre femme, un ange qui n'avait reculé devant aucun sacrifice pour moi. Misérable ! Ingrat ! Oui, mes amis, j'avais trouvé une femme qui m'aimait, une femme qui m'entourait de bonheur et d'ordre, qui m'honorait et me rendait honorable... Un jour, je l'ai abandonnée pour reprendre ma vie vagabonde, pour redevenir un vaurien, pour me traîner encore dans la fange! Sans travailler, et en se grisant du matin au soir, on arrive vite à la fin de ses ressources, on contracte des dettes; puis après les dettes vient la prison. La prison! Ah! le ciel vous en préserve à jamais, car on s'y trouve mêlé à des misérables qui donnent de bien affreux conseils! Poussé par eux, j'écrivis à ma femme, à ma pauvre Pétronille, que j'étais mourant et que j'implorais son pardon avant de paraître devant Dieu. Cette ruse infâme me réussit; Pétronille vendit tout ce qu'elle possédait pour payer mes dettes; elle fit un long voyage à pied, et quand cette généreuse victime d'une tendresse si peu méritée arriva sur le seuil de ma prison, elle entendit ma voix qui chantait avec d'autres ivrognes le refrain que vous venez de dire. Hélas! ce dernier coup lui fut mortel. Elle ne put supporter cette dernière de mes trahisons, cette dernière de mes lâchetés, et elle mourut étouffée par le désespoir. Depuis ce temps, échappé de ma geôle, j'erre au hasard, sans repos, sans pouvoir travailler. Quand la faim me presse par trop, je peins encore, mais ce que je fais est indigne de moi, de moi qui fus un artiste célèbre.

— Et quel est votre nom? demandèrent les deux jeunes gens étonnés

— Mon nom, mon vrai nom, je ne le dis plus... On me croit mort, et je veux que l'on continue à me croire mort. Les tableaux que je fais maintenant, je ne les signe plus de mon nom véritable, car je ne les fais que pour gagner quelques écus. Une fois ces écus gagnés, je les dissipe à manger et à boire, à boire surtout, car la boisson produit l'ivresse, et l'ivresse produit l'oubli. Or, c'est une si bonne chose que d'oublier lorsque l'on a un remords au cœur, lorsque l'on ne peut dormir sans qu'un fantôme se dresse et ne crie : « Lâche ! assassin ! » A boire ! Versez-moi à boire, camarades, car rien que cette idée me dessèche le gosier et me plonge dans le cœur un fer rouge. A boire ! à boire ! Encore ! Tout plein ! Enivrez le pauvre Adrien Brauwer.

— Adrien Brauwer ! se dirent les jeunes gens avec surprise : lui, ce grand peintre, réduit à cet état d'abrutissement !

— A boire ! reprit Adrien ; à boire, l'hôtesse ! Du vin et encore du vin. Voici de l'or. Adrien Brauwer paye bien. Du vin ! du vin !

— Le voilà qui jette au premier venu ce nom glorieux qu'il ne voulait pas tout à l'heure traîner avec lui dans la fange. Holà ! compère, c'est assez bu ; il faut maintenant retourner à votre logis.

— A mon logis ? à mon logis ! Ils sont plaisants, les jeunes gars ! Est-ce que j'ai d'autre logis que le cabaret quand j'ai de l'argent, et la rue quand je suis sans une maille. Du vin, femme, du vin !

Et bientôt il tomba le visage sur la table, où il finit par s'endormir.

— Je suis bien triste d'avoir accepté l'invitation de mon malheureux compatriote dit le jeune homme qui était entré le premier dans le cabaret. Que faire ? où pouvoir emmener un homme dans un pareil état d'ivresse ?

— Il faut le laisser ici, répliqua la cabaretière, qui prit en pitié l'embarras des jeunes gens. Demain matin ou ce soir, il s'éveillera pour recommencer à boire jusqu'à ce qu'il ne lui reste plus d'argent. Alors il tirera des pinceaux et des couleurs de la boîte que vous voyez à ses pieds, fera un petit tableau sur le premier sujet venu, ira le vendre, et reviendra recommencer à s'enivrer. Vous pouvez être sans inquiétude sur son compte.

Les deux étrangers se levèrent pour sortir. Arrivés sur le seuil du cabaret :

— Je me trouve pour la première fois à Paris, et je ne sais où loger. Pourriez-vous m'indiquer un gîte décent et à bon marché ?

— Étranger comme vous, j'allais vous adresser la même question. Voulez-vous, puisque le hasard nous réunit, que nous cherchions ensemble une auberge ?

— Volontiers, mais peut-être le gîte que les exigences de ma profession m'oblige de chercher ne vous conviendra-t-il pas, car il me faut habiter une chambre élevée et qui ait un beau jour : je gagne ma vie à peindre.

— Singulier hasard ! et moi aussi. J'arrive de Lyon à Paris pour tâcher de me faire connaître et d'acquérir quelque renom.

— Et moi je viens de Bruxelles dans le même but.

— Puisque nous voilà devenus amis et que nous nous savons confrères, il est bon que nous sachions du moins comment nous nous appelons, fit le Flamand avec un sourire : je me nomme Philippe Van-Champagne.

— Et moi, Nicolas Poussin.

— Allons ! que Dieu nous protége, et puissent nos noms devenir un jour célèbres !

— *Amen !* En attendant la gloire et la fortune, je possède encore dix écus.

— Et moi douze. C'est toute une fortune ! Nous avons de quoi vivre pour plus d'un mois entier. Un mois, pour des artistes, c'est une éternité.

Et riant de leur joyeuse pauvreté, les deux nouveaux compagnons se dirigèrent vers la Grève, où, moyennant un écu payé d'avance, ils trouvèrent à louer, pour quinze jours, une mansarde qui pouvait sans trop d'inconvénient leur servir d'atelier.

Le lendemain matin, les deux jeunes artistes, qui dès la veille avaient fait emplette de chevalets, tirèrent de leurs sacs des toiles, une palette, des pinceaux et des couleurs et disposèrent toutce qu'il fallait pour peindre. Puis les voilà qui se mettent à l'œuvre, chacun désireux de donner à son nouveau camarade bonne opinion de son talent, chacun impatient de connaître le savoir-faire de l'autre. Nicolas Poussin succomba le premier à la curiosité; il quitta doucement sa place et se glissa derrière Philippe : une larme brilla dans ses yeux, et il prit dans ses mains la main du jeune homme sans pouvoir prononcer un seul mot. Philippe avait exécuté une tête d'*Ecce homo :* déjà cette ébauche se trouvait empreinte d'un caractère sublime de sérénité et de souffrance.

— Et toi ? frère, et toi ! demanda Van Champagne en allant au tableau de Nicolas. Tu m'admires ! s'écria-t-il, et pourtant je suis à peine un écolier près de toi ; car il faut s'agenouiller et prier devant cette vierge que tu viens de peindre ! devant cette vierge qui abaisse miséricordieusement ses regards vers la terre. Oh ! que c'est bien là, non point une créature terrestre, mais la mère de Dieu, glorieuse et immortelle ! Un incrédule prierait devant cette reine du ciel, devant cette mère de miséricorde devenue consolatrice, qui se met entre le pécheur et la justice divine pour intercéder et faire pardonner! Nicolas, tu seras bientôt, si tu ne l'es déjà, le plus grand peintre de la France.

— En attendant, interrompit Nicolas quoique vivement touché de l'admiration vraie et profondément sentie de son compagnon, en attendant il faut nous remettre à l'ouvrage pour tâcher de gagner quelque argent. L'achat de nos chevalets nous a ruinés. Avant de devenir de grand hommes, tâchons de devenir des jeunes gens qui dînent. A l'œuvre donc, ami, un jour nous serons riches!

— A notre gloire future!

— A nos richesses à venir!

Et ils vidèrent gaîment le peu de vin qui leur restait, et ils ne firent pas moins d'honneur à un gros pain bis qu'ils dévorèrent, non sans rire aux éclats, non sans se livrer aux saillies inspirées par l'insouciance, par la foi dans l'avenir et surtout par la jeunesse.

Ils étaient encore là riant et batifolant lorsque l'on frappa doucement à la porte; puis quelqu'un poussa doucement cette porte entre-baillée, et un homme de vingt-sept à vingt-huit ans, qui paraissait quelque honnête marchand, entra, fit un salut embarrassé et regarda presque timidement les deux artistes.

— Mes jeunes cavaliers, leur dit-il, ne pourriez-vous pas, pour aujourd'hui seulement, faire un peu moins de tapage? je suis votre voisin; une mince cloison nous sépare, et votre gaieté quelque peu bruyante me rend impossible un travail qu'il me faut cependant terminer aujourd'hui.

— Nous allons nous-mêmes nous remettre à la besogne et faire trêve à nos rires, mon maître. Vous pourrez ainsi vous livrer paisiblement à vos calculs de chiffres et reconnaître si quelque erreur s'est glissée parmi vos additions d'écus.

— Il ne s'agit point tout à fait de chiffres, quoiqu'il s'agisse un peu d'argent dans ce que j'ai à faire, répondit le voisin avec un sourire, et tandis qu'il regardait en connaisseur les esquisses de Nicolas et de Philippe : c'est une lettre que j'ai à écrire, une lettre pour obtenir de l'argent; une pension qui m'est due et que l'on tarde un peu à me payer.

— Vous êtes bien heureux qu'on vous doive de l'argent! fit Nicolas; nous voudrions être à votre place.

— N'avez-vous point là de quoi battre monnaie quand vous le voudrez? Ce soir, ces esquisses peuvent se transformer en petits tableaux, et j'ai un compère qui non-seulement vous les achètera peut-être, mais encore, j'en suis sûr, qui vous confiera des travaux, car ce compère n'est rien moins que messire Duchesne, peintre ordinaire de monseigneur le cardinal duc de Richelieu.

— Ah! mon maître, vous seriez notre bienfaiteur et notre ami à toujours si vous vouliez nous présenter à cet homme, qui peut tout pour nous.

— Eh bien! écoutez, répliqua celui qu'ils prenaient pour un marchand, je le verrai, ce soir, à la comédie de l'hôtel de Bourgogne; venez-y, et sans que vous ayez à supporter l'ennui de l'attente, je vous ferai connaître à l'instant même la réponse de mon compère.

— Je n'y vois qu'un inconvénient.

— Et lequel?

— Pour aller à la comédie, il faut de l'argent...

— N'est-ce que cela? J'ai le moyen de vous faire entrer sans payer : voici deux billets de parterre.

— Mais vous êtes donc un sorcier, et vous possédez une baguette magique...

— Hélas! si j'étais magicien et si je possédais cette bienheureuse baguette que vous dites, je commencerais, je vous l'avoue, par m'en servir un peu pour arranger mes affaires et ne point composer la lettre qui me coûte tant à écrire. Adieu, mes voisins; à ce soir.

— A ce soir, à la comédie! répliquèrent les jeunes gens, qui reprirent leurs pinceaux et recommencèrent à peindre.

L'inconnu qui sortait de leur chambrette entra dans un logis contigu et meublé de façon à ne pas rendre jaloux le plus humble artisan. Il prit une plume, la tailla, essaya d'écrire, effaça pour effacer bientôt encore de nouveau, et ne cessa point, durant une heure au moins, un si rude et si laborieux travail. Quand il eut enfin terminé cette difficile besogne, une grande feuille de papier, sillonnée d'innombrables ratures, se trouva pleine, sur les quatre pages, des caractères serrés d'une grosse écriture, et voici ce que contenaient lesdites quatre pages :

« *A monsieur de Montoron, trésorier de l'épargne de monseigneur le cardinal duc de Richelieu.*

« Monsieur,

« Je vous présente un tableau d'une des plus belles

actions d'Auguste. Ce monarque était tout généreux, et sa générosité n'a jamais paru avec tant d'éclat que dans les effets de sa clémence et de sa libéralité. Ces deux rares vertus lui étaient si naturelles et si inséparables en lui qu'il semble qu'en cette histoire, que j'ai mise sur notre théâtre, elles se soient tour à tour entre-produites dans nos âmes. Il avait été si libéral envers Cinna que, sa conjuration ayant fait voir une ingratitude extraordinaire, il eut besoin d'un extraordinaire effort de clémence pour lui pardonner; et le pardon qu'il lui donna fut la source des nouveaux bienfaits dont il lui fut prodigue pour vaincre tout à fait cet esprit qui n'avait pu être gagné par les premiers; de sorte qu'il est vrai de dire qu'il eût été moins clément envers lui s'il eût été moins libéral, et qu'il eût été moins libéral s'il eût été moins clément. Cela étant, à qui pourrais-je plus justement donner le portrait de l'une de ces héroïques vertus qu'à celui qui possède l'autre à un si haut degré, puisque, dans cette action, ce grand prince les a si bien attachées et comme unies l'une à l'autre qu'elles ont été tout ensemble et la cause et l'effet l'une de l'autre? Vous avez des richesses, mais vous savez en jouir, et vous en jouissez d'une façon si noble, si relevée et tellement illustre que vous forcez la voix publique d'avouer que la fortune a consulté la raison quand elle a répandu ses faveurs sur vous, et qu'on a plus de sujet de vous en souhaiter le redoublement que de vous en envier l'abondance. J'ai vécu si éloigné de la flatterie que je pense être en possession de me faire croire quand je dis du bien de quelqu'un; et, lorsque je donne des louanges (ce qui m'arrive assez rarement), c'est avec tant de retenue que je supprime toujours quantité de glorieuses vérités pour ne me rendre pas suspect d'étaler de ces mensonges obligeants que beaucoup de nos modernes savent débiter de si bonne grâce. Aussi je ne dirai rien des avantages de votre naissance ni de votre courage, qui l'a si dignement soutenue dans la profession des armes, à qui vous avez donné vos premières années : ce sont des choses trop connues de tout le monde. Je ne dirai rien de ce prompt et puissant secours que reçoivent chaque jour de votre main tant de bonnes familles ruinées par les désordres de nos guerres : ce sont des choses que vous voulez tenir cachées ; je dirai seulement un mot de ce que vous avez de commun avec Auguste : c'est que cette générosité, qui compose la meilleure partie de votre âme et règne sur l'autre, et qu'à juste titre on peut nommer l'âme de votre âme, puisqu'elle en fait mouvoir toutes les puissances, c'est, dis-je, que cette générosité, à l'exemple de ce grand empereur, prend plaisir à s'étendre sur les gens de lettres en un temps où beaucoup pensent avoir trop récompensé leurs travaux quand ils les ont honorés d'une louange stérile. Et certes, vous avez traité quelques-unes de nos Muses avec tant de magnanimité qu'en elles vous avez obligé toutes les autres, et qu'il n'en est point qui ne vous en doive un remercîment. Trouvez donc bon, Monsieur, que je m'acquitte de celui que je reconnais vous en devoir par le présent que je vous fais de ce poëme, que j'ai choisi comme le plus durable des miens, pour apprendre plus longtemps à ceux qui le liront que le généreux M. de Montoron, par une libéralité inouïe en ce siècle, s'est rendu toutes les Muses redevables, et que je prends tant de part aux bienfaits dont vous avez surpris quelques-unes d'elles que je m'en dirai toute ma vie, Monsieur, »

Il lut et relut deux fois cette lettre, prit une feuille de papier blanc, copia, lentement et à main posée, les quatre grandes pages d'écriture, et, quand il eut fini, relut encore une fois.

Après quoi, il poussa un profond soupir et ajouta ces deux lignes :

« *Votre très-humble, très-obéissant et très-obligé serviteur.* »

Puis il signa.

Le spectacle, à cette époque, commençait à quatre heures ; aussi, dès trois heures et demie, Nicolas et Philippe quittèrent leurs chevalets et leurs pinceaux pour se rendre à l'hôtel de Bourgogne. Ils pouvaient, du reste, se permettre consciencieusement cette récréation, car ils avaient presque terminé les deux petits tableaux commencés le matin. Ils achevèrent donc de manger ce qu'il leur restait de pain, mirent en état et de leur mieux leur pourpoint et leur haut-de-chausse, se posèrent galamment sur l'épaule gauche le petit manteau court alors de mode, couvrirent leur tête d'un feutre, et, sans oublier leur épée, se dirigèrent vers l'hôtel de Bourgogne, heureux de la bonne soirée que leur valait l'obligeance de leur voisin.

Chemin faisant, Philippe acheta un bouquet de roses, qu'il plaça à son chapeau.

— C'est un vœu, dit-il en souriant tristement à son camarade. J'ai juré à ma sœur, un pauvre ange qui s'en est remonté au Ciel, de porter en toute saison, été comme hiver, en souvenir d'elle, un bouquet des fleurs qu'elle aimait à cultiver, et j'aimerai mieux manquer de pain que de faillir à cette promesse.

Et il essuya une larme.

Chemin faisant, et tandis qu'ils marchaient sur la pointe du pied, afin de garantir le mieux possible des taches de la boue leurs chaussures et leurs bas, ils remarquèrent une grande foule de curieux amassée sur le bord de la rivière ; ils voulurent connaître, comme les autres, ce qui rassemblait là tant de gens, et ils parvinrent, en montant sur une borne, à voir par-dessus les têtes de tous ces gens... Juste Dieu! c'était le corps d'Adrien Brauwer gisant inanimé et sanglant ! Le malheureux était sorti de quelque cabaret, ivre comme de coutume ; tombé sur le pavé, une voiture lui avait écrasé la poitrine, et il était mort sur le coup.

Nicolas et Philippe, pâles et tremblants, se regardèrent avec terreur.

— Pauvre malheureux ! soupira Van Champagne, dans quel abîme de honte et d'infortune l'a jeté son inconduite! Cette horrible fin devait-elle servir de dénoûment à la vie d'un peintre célèbre et de l'une des gloires de la Flandre !

— Sainte Vierge, dit à son tour Le Poussin, protégez-nous, et faites que jamais nous ne soyons exposés aux tentations de l'inconduite.

— Le vin que m'a fait boire hier cet homme brûle à présent mes lèvres et m'étouffe.

— Avec le prix d'un de nos tableaux, nous ferons dire des messes pour le repos de son âme.

— C'est là une bonne et sage idée... Et mais quelle

foule, mon Dieu ! et comment pourrons-nous arriver dans a salle de l'hôtel de Bourgogne?

— En faisant comme les autres, en nous mettant à la queue et en réunissant tous nos efforts pour arriver. Quelle pièce donne-t-on? Tâchez de lire l'annonce sur ces écriteaux de bois.

— CINNA, *tragédie* de PIERRE CORNEILLE.

— Cela est-il dans le genre galant?

— C'est ce que nous saurons tout à l'heure.

— Attention ! car voici que la foule se met en marche; on ouvre les portes.

En effet, les portes venaient de s'ouvrir, et telle était l'affluence des spectateurs que plus d'une heure s'écoula sans que Philippe et Nicolas pussent pénétrer dans le parterre, où l'on se tenait debout. Grâce à leur adresse et à leur persévérance, les deux jeunes gens parvinrent à se glisser aux meilleures places, sur le devant, et bientôt quatre violons commencèrent une espèce d'ouverture que l'on n'écouta point. Cette musique terminée, le rideau se leva et montra le théâtre, occupé, suivant la coutume, par une foule de jeunes seigneurs qui laissaient à peine aux comédiens la place nécessaire pour jouer la pièce et s'acquitter de leur rôle.

Néanmoins l'admirable tragédie de Corneille produisit une profonde et puissante impression sur l'âme naïve et poétique des deux jeunes peintres. Tour à tour ils prirent parti pour Cinna, pour Émilie et pour Auguste; tour à tour ils maudirent l'empereur romain, et ils s'extasièrent devant sa magnanimité. Certes, jamais le génie de Corneille n'avait reçu d'hommage plus vrai que les sensations impétueuses et multipliées dont il agita ces nobles cœurs, restés jusque-là étrangers aux émotions de la scène, et qui s'y livraient, sans restriction, tout entiers.

— Oh! quel sublime auteur! quel grand homme que ce Corneille! et que n'est-il là pour que nous baisions ses mains avec respect! dirent-ils en sortant de l'hôtel de Bourgogne, les yeux encore humides de larmes et tout palpitants de ce qu'ils venaient de voir et d'entendre.

Une main se posa doucement sur leurs épaules; ils se retournèrent et reconnurent leur voisin.

— Merci, s'écrièrent-ils, merci pour le plaisir que vous nous avez donné; merci. Que Corneille est admirable! et que nous voudrions le connaître!

— Mais ce n'est point une chose difficile, dit le cavalier qui donnait le bras au voisin des deux peintres.

— Je suis sûr que c'est un homme de haute taille, à l'air héroïque, à la démarche royale.

— Non point, reprit celui qui avait déjà parlé. A voir Monsieur de Corneille, on ne le croirait point capable de faire parler les Grecs et les Romains, et de donner un si grand relief aux sentiments et aux passions des héros. La première fois qu'on le voit, on le prend pour un marchand de Rouen. Son extérieur n'a rien qui parle pour son esprit, et sa conversation manque de facilité; il est assez grand et assez plein, l'air fort simple et fort commun, toujours négligé et peu curieux de son extérieur; il a le visage agréable, un grand nez, la bouche belle, les yeux pleins de feu, la physionomie vive, des traits fort marqués et propres à être transmis à la postérité dans une médaille ou dans un buste ; sa prononciation n'est pas tout à fait nette.

— Le portrait n'est pas flatté, dit le voisin en souriant avec bonhomie.

— Mais il est vrai. Que ces Messieurs en jugent!

— Comment la chose serait-elle possible? Nous ne connaissons pas l'illustre poëte.

— Si fait, puisque le voici!

— Monsieur de Corneille! s'écrièrent-ils en se découvrant. Oh! Monsieur, quelle méprise a été la nôtre ce matin!

— J'ai payé la dette de ma mauvaise mine, voilà tout, mes amis. Or çà, remettez vos chapeaux, car il fait froid, et nous avons à causer d'affaires.

Vous voyez dans le cavalier qui me donne le bras M. Duchesne, peintre ordinaire de Monseigneur le cardinal. Comme il a quelque foi dans mon goût en peinture, il veut bien vous admettre, demain matin, à lui présenter les deux tableaux que vous avez commencés. S'ils lui plaisent, comme je n'en doute pas, vous trouverez un protecteur, vous aurez des travaux, de la réputation et de l'argent. Remerciez donc M. Duchesne et venez ensuite, car ses gens l'attendent; la nuit est noire, et nous avons un long trajet à faire avant de regagner notre logis commun.

Les jeunes gens remercièrent de leur mieux messire Duchesne, qui reçut leurs actions de grâces un peu en protecteur; puis on se sépara, et chacun s'en retourna chez soi.

Après avoir conduit respectueusement Corneille jusqu'à la porte de son petit appartement, Nicolas et Philippe rentrèrent dans leur chambrette. Quoiqu'il ne fût pas moins de dix heures du soir, ils ne s'endormirent qu'après des jaseries sans fin et des rêves brillants pour l'avenir. En effet, que d'événements ils avaient vus se succéder autour d'eux depuis le matin ! La Providence ne semblait-elle pas les prendre par la main et commencer à changer en bonheur une vie jusque-là si pleine de traverses et d'épreuves ? La rencontre trois fois bonne du grand Corneille, les promesses et la protection de Duchesne, et jusqu'à cette triste rencontre d'Adrien Brauwer, qu'on dirait une sévère leçon pour leur apprendre à user sagement et en chrétiens de leur fortune à venir, tout cela ne formait-il point des augures merveilleux de leur future destinée ? Ils vont peindre au Luxembourg et au Palais-Royal ! Leur travail sera vu par les plus habiles connaisseurs et par les grands seigneurs de Paris ! par ceux-là qui donnent le renom et par ceux-là qui prodiguent l'or. Merci, mon Dieu, qui leur avez envoyé le bonheur par la main du grand Corneille !

Minuit était sonné depuis longtemps au Louvre quand ils s'endormirent, et l'aube jetait à peine ses premières lueurs sur la Seine qu'ils se trouvaient debout, occupés à remettre en état leur meilleur pourpoint ; puis ils préparèrent leurs palettes et leurs couleurs. Ils voulurent ensuite faire quelques retouches aux petits tableaux qu'ils devaient présenter à M. Duchesne, car, à mesure que l'heure de l'épreuve approchait, ils sentaient leur confiance en eux-mêmes s'affaiblir, et le doute du succès venait peser peu à peu sur leur espérance, qu'il étouffait. Inquiets, agités, ils se préparaient néanmoins à se mettre en route pour le Luxembourg, quand ils entendirent frapper doucement à leur porte et qu'ils virent entrer Corneille tout habillé et prêt à sortir.

— Ah ! ah ! fit le poëte en les regardant avec bonté, je vois que mes suppositions ne se trouvaient point fausses : vous avez peur, mes enfants ! Voilà comment j'étais quand je lus *Mélite* aux comédiens ! Voilà comment je me sens encore chaque fois que le public est appelé à juger une de mes pièces : du doute, du découragement, de la frayeur ! Aussi je viens vous accompagner, et ne veux vous quitter qu'après vous avoir vus bien installés au Luxembourg. Allons, chaussez vos bottes et mettons-nous en route.

Les jeunes gens, ravis de la présence de Corneille, obéirent, et, après avoir mis par-dessus les bas de leur haut-de-chausse de grandes bottes molles destinées à garantir les piétons de la boue des rues, ils prirent tous les trois le chemin du Luxembourg.

Arrivés à l'habitation royale, il leur fallut attendre quelques moments dans l'antichambre de maître Duchesne, où se trouvaient déjà de nombreux postulants à une audience du peintre ordinaire de Monseigneur le cardinal ; mais, quand l'huissier eut annoncé M. de Corneille, les portes s'ouvrirent aussitôt pour le poëte, et les deux protégés le suivirent.

— Quoi ! fit Duchesne, vous prenez à ces jeunes gens un intérêt si vif que vous sacrifiez une matinée de travail pour me les amener ! Ils seraient bien coupables de ne point faire de bonne peinture en échange des beaux vers qu'ils vous empêchent de produire. Voyons les petits tableaux dont m'a parlé M. de Corneille. Vraiment le père du *Cid*, se connaît en peinture! Voilà qui n'est point du tout mauvais, et je vous admets dès à présent parmi les peintres qui travaillent ici sous ma direction. Vous aurez un logement gratuit au collége de Laon, et chacun trois écus par jour : ces conditions vous conviennent-elles?

C'était une fortune pour les deux peintres, qui remercièrent Duchesne avec effusion.

— A l'œuvre donc! Venez dans cette galerie.

Il leur indiqua deux médaillons dans lesquels il fallait peindre des sujets qu'il leur donna, les prévint qu'il viendrait examiner leurs esquisses vers le soir, et, prenant Corneille sous le bras :

— Et vous, dit-il au poëte, vous, si ardent de contribuer au bonheur des autres, à quoi s'en trouve votre propre bonheur? Le père de celle que vous aimez consent-il enfin à vous donner sa fille en mariage?

— Hélas! mon ami, reprit Corneille en soupirant, je n'ai même point osé faire une nouvelle tentative près de lui. Si vous saviez comment il a reçu mon frère Thomas lorsque ce dernier a fait le voyage des Andelys, afin de lui demander pour moi la main de Mlle de Lamperière! Le commandant a ri aux éclats dès les premières paroles de mon frère, et lui a demandé s'il ne perdait point la tête de venir proposer pour mari à la fille d'un lieutenant général un pauvre rimailleur. Thomas répondit que j'étais poëte, mais que cette profession était libérale et n'avait rien de roturier; il ajouta en outre que ma famille était une bonne famille de robe, et qu'enfin mon père, de son vivant, avait rempli d'une manière honorable les fonctions de maître des eaux et forêts en la vi-

7

comté de Rouen. Mais ces paroles, loin de convenir à messire de Lamperière, ne firent que l'irriter davantage, et il donna l'ordre à ses gens de chasser mon frère! Quel espoir voulez-vous qu'il me reste d'épouser jamais Marie? La seule consolation que j'ai, c'est d'aller de temps à autre aux Andelys; là je passe, le soir, sous ses fenêtres, et je la vois de loin, à la clarté de sa lampe, qui prie pour celui dont elle est la fiancée devant Dieu.

— Je croyais que vous aviez parlé de vos amours à Monseigneur le cardinal.

— Monseigneur le cardinal est plein de bontés pour moi; il a bien voulu m'associer à MM. Bois-Robert, Colletet et Rotrou pour mettre en vers les pièces dont il compose les plans, et m'a gratifié d'une pension de six cents livres; enfin, quoiqu'il se soit montré un peu rude au *Cid* et qu'il l'ait fait critiquer par l'Académie, je peux encore compter sur sa faveur. Mais, en cette occasion, cette faveur me fait faute. Maintenant que le succès de *Cinna* me rend possible de retourner en Normandie et d'aller revoir celle que j'aime, Monseigneur retarde toujours mon départ, soit par un incident, soit par un autre, ou plutôt par un seul; car, s'il faut vous l'avouer, je n'ai point l'argent nécessaire pour entreprendre ce voyage, et le moyen qu'emploie le cardinal pour me retenir est d'empêcher M. de Montoron de me payer le quartier échu de ma pension. Ce dernier trouve toujours mille défaites pour ne point me donner cet argent et la gratification que m'a promise le cardinal. J'ai pris le parti de dédier ma tragédie à M. de Montoron; peut-être se laissera-t-il toucher par cette marque d'estime.

— Vous n'avez pas besoin de la dédicace, interrompit Duchesne; vous savez que ma bourse est à votre disposition.

— Merci, mon ami, merci de cette offre; elle ne m'étonne point de votre part; mais, quand bien même j'aurais recours à vous pour me procurer l'argent nécessaire à mon départ, je n'oserais point partir sans l'assentiment de Monseigneur le cardinal, à qui j'appartiens. Il me faut donc attendre son bon plaisir, car l'enfreindre serait m'exposer à une colère que je ne me sens point assez fort pour supporter.

— De plus forts y ont perdu la tête, et vous avez raison. Mais, à votre place, je dirais tout au cardinal; je lui avouerais que mon bonheur et Marie sont aux Andelys; Monseigneur n'est point dur aux peines de cœur. Je vais en ce moment me rendre au Palais-Cardinal; montez avec moi dans ma litière; dites tout à notre maître : il aime la galanterie; votre histoire le réjouira.

— Mais je vous répète qu'il la connaît déjà; je suis entré l'autre jour chez lui mélancolique et distrait; il m'a pressé de questions, et je lui ai tout dit.

— Et qu'a-t-il répondu?

— Il a haussé les épaules, s'est mis à rire, et m'a prié de remettre sur ses genoux un petit chat qui venait d'en tomber.

– Voilà qui m'étonne bien, car d'ordinaire le cardinal fait plus de cas d'une confidence amoureuse.

— Le père Joseph est entré sur ces entrefaites. Monseigneur l'a fait venir près de son fauteuil. Je me suis éloigné discrètement, et ils se sont entretenus quelque temps à voix basse, non sans rire entre eux et non sans paraître se féliciter de quelque projet qu'ils méditaient.

J'ai cru voir que Monseigneur me regardait à la dérobée, mais c'est une erreur sans doute : il s'agissait, dans l'entretien de ces deux habiles politiques, d'autre chose que d'un pauvre poëte amoureux. Sur ces entrefaites, M. Le Grand est entré, et je suis sorti. Depuis ce temps, et il y a quinze jours, le cardinal ne m'a point reparlé de ma confidence; mais il a empêché mon départ pour la Normandie en usant de mille moyens indirects.

— A votre place, je lui reparlerais de cette affaire.

— Ce serait peine perdue. Adieu, Monsieur; soyez bon pour mes jeunes amis.

— La recommandation du grand Corneille est toute-puissante près de moi, vous le savez!

— Le grand Corneille! répéta le poëte en soupirant! Pauvre grandeur! pauvre gloire, que me dénie un gentillâtre de province, et qui ne peut rien pour mon bonheur.

Et il se dirigea tristement vers sa maison, où il trouva un ordre du duc de Richelieu qui lui mandait de se rendre aussitôt au Palais-Cardinal.

Depuis le jour naissant, le cardinal Armand de Richelieu, entouré de ses quatre secrétaires, prenait tour à tour les nombreux dossiers qui surchargeaient un immense bureau placé devant lui, les parcourait des yeux et dictait tantôt à l'une, tantôt à l'autre de ces quatre personnes. Celles-ci, à mesure qu'elles terminaient un travail, allaient le transmettre à d'autres employés, qui le transcrivaient et l'expédiaient ensuite. Le cardinal était un centre commun autour duquel divergeaient tous les rayons de la volonté gouvernementale.

A chaque instant, des messagers d'État, des moines, des cavaliers, venaient apporter de nouveaux paquets que le cardinal ouvrait, sans interrompre la phrase qu'il dictait, sans perdre le fil de l'affaire qu'il était occupé à résoudre. Comme pour mieux prouver son incroyable aptitude aux affaires et sa merveilleuse intelligence, il se plaisait encore, de temps en temps, à deviser avec quelques-uns de ses familiers, groupés devant une des deux vastes cheminées qui chauffaient l'immense appartement.

— Monsieur de Fresnoy, dit-il à l'un d'eux, tout en dictant un protocole d'armistice entre la France et les Pays-Bas, avez-vous rempli mes instructions relativement à votre voyage des Andelys?

— A la lettre, Monseigneur, répliqua un vieil officier d'assez méchante mine, et qui se leva respectueusement.

Sans répondre, sans même paraître avoir entendu, le cardinal reprit sa dictée.

Tout à coup une porte secrète s'ouvrit précipitamment, et un capucin entra, pâle, hors de lui, défiguré par une épouvante étrange... Il courut au cardinal pour lui parler à voix basse, mais le cardinal lui fit signe d'attendre.

— Il y va de votre vie et de votre mort! s'écria le moine, qui ne put se maîtriser plus longtemps. C'est un mystère infernal que le hasard vient de me faire découvrir : les assassins sont là, dans votre antichambre, avec ceux qui doivent donner le signal.

Le cardinal, sans rien perdre de son impassibilité, et

toujours sans paraître entendre, reprit de sa voix grave et sèche :

— Monsieur De Fresnoy, allez chercher les personnes que vous savez ; vous les amènerez ici, dans mon cabinet, sans qu'elles puissent communiquer avec qui que ce soit ; vous prendrez même des mesures pour que nul ne les aperçoive chemin faisant. C'est un chapitre de roman en action qui se prépare, frère Joseph, et je veux que vous preniez votre part de ce divertissement. Que l'on fasse entrer !

A cet ordre, les secrétaires se levèrent, des valets enlevèrent le bureau, et le cardinal resta seul, étendu sur sa chaise longue, le frère Joseph à ses côtés. Celui-ci voulut encore reparler au cardinal des périls qui le menaçaient ; mais ces nouveaux efforts restèrent infructueux comme les premiers, et la foule, qui se précipita dans le cabinet du ministre, acheva de rendre toute confidence impossible au capucin.

Cependant le cardinal saluait du geste, quelquefois de la parole, suivant leur rang et leur importance, les seigneurs qui passaient tour à tour devant lui pour lui rendre leur devoir, et qu'un officier de la maison du ministre annonçait d'une voix retentissante :

— MONSIEUR, frère du roi ! dit tout à coup cet officier.

A ce nom, il en fit presque en même temps succéder un autre.

— Monseigneur le comte de Soissons !

Pour le premier, le cardinal se leva tout à fait ; pour le second, il s'inclina lentement, puis il leur fit signe de s'avancer et les obligea de s'asseoir de chaque côté de sa chaise longue; ensuite il jeta sur l'un et sur l'autre le regard d'un tigre qui va se ruer sur sa proie.

— Monsieur, dit-il, votre santé me donne des inquiétudes; vous voilà pâle et agité comme le frère Joseph. Y aurait-il donc quelque maladie régnante à Paris?

— Non, vraiment! ou bien je ne l'ai point appris, reprit Monsieur d'un air embarrassé.

— Votre tête serait en danger, ajouta le cardinal, que vous ne blêmiriez pas davantage. Peut-être l'est-elle? fit-il en attachant sur le prince son regard jusque-là errant et furtif.

Le duc d'Orléans frissonna.

— Croyez-moi, n'allez point à la chasse aujourd'hui; je suis sûr que votre pâleur vous présage quelque accident, peut-être une chute de cheval, car un péril de cette nature saurait seul vous menacer. Je vous sais trop prudent et trop dévoué aux volontés du roi pour que vous vous exposiez à quelque autre risque. Vous savez que le roi sait tout et punit tout.

Le cardinal se tourna vers le comte de Soissons.

Si je voyais cette pâleur à Monseigneur le comte de Soissons, je pourrais en concevoir de la crainte, car il n'est point de prince du sang qui pousse plus loin que lui le goût des aventures et le besoin des agitations. Mais, grâce à Dieu! le voilà frais et rose comme une jeune fille. Aussi fait-il le désespoir de toutes celles qui composent la cour de S. M. la reine.

— Même de Marie de Vignerod, votre nièce? demanda le comte de Soissons (1) avec l'insolence d'un homme résolu à tout.

(1) Le comte de Soissons avait refusé la main de Marie Vignerod, nièce du cardinal.

— Je n'excepte personne, répondit le cardinal avec un sourire amer.

Un silence profond s'établit entre ceux qui se trouvaient présents à cet entretien. Cependant Monsieur agitait son chapeau dans ses mains, et semblait en proie à une angoisse extrême. De Fresnoy reparut en ce moment; le cardinal l'appela près de lui par un signe de tête, et il lui manda, avec une apparente indifférence, de se rendre à la Bastille pour y faire préparer deux appartements; puis il se leva, et chacun sortit, excepté le frère Joseph.

— Vous n'avez point donné le signal! dit à voix basse le comte de Soissons en s'approchant de Monsieur.

— Je ne me suis point senti la force d'ordonner un assassinat.

— Dites plutôt que vous avez eu peur de cet homme! Après tout, j'aime mieux le combattre d'une autre façon qu'à coups de poignards. Adieu, Monseigneur; je pars pour Sedan, où m'attendent les réformés.

— Eh bien! frère Joseph? demandait pendant ce temps-là en riant le cardinal au capucin, ne m'avais-tu pas parlé d'un péril qui me menaçait? Où donc est-il?

— Vous l'avez conjuré pour un jour, Monseigneur, mais il reparaîtra demain.

— Erreur! Monsieur n'a de courage que dans l'ombre, comme les enfants : quand il voit briller une lueur, il recule et s'enfuit. Or, frère Joseph, mes yeux brillent dans l'obscurité, comme les yeux des chats. Quant à cet étourneau de comte de Soissons, il va se prendre de lui-même au piége que je lui ai tendu. Le pauvre insensé part, à cette heure même, pour Sedan; il compte y trouver des auxiliaires contre moi dans les réformés, mais ils ne voudront pas de lui, et voici une lettre qui me rapporte une parole de Duplessys-Mornay, qui prouve combien mes conjectures sont justes : « La négociation « que M. le comte de Soissons veut entamer ne servirait « qu'à se tromper les uns les autres; il tient trop à la « cour pour ne pas y revenir; nous tenons trop à nos « droits pour ne pas l'abandonner sitôt que l'on recon- « naîtra ces droits. » Qu'en dites-vous, frère Joseph?... Monsieur sera malade de peur pendant six semaines, et avant ce temps le comte de Soissons me fera ses soumissions. Restent mes comptes à régler avec les coupe-jarrets à gage de ces deux pauvres conspirateurs. Ils sont six; vous les ferez arrêter tous les six... Et, ce soir, aux oubliettes... Ah! ah! ah (1)!

Et il rit en se frottant les mains.

— Monsieur de Corneille! annonça l'huissier.

— C'est juste, après la tragédie, la farce.

— Monsieur de Corneille, je suis bien aise d'avoir votre avis sur une pièce que je compte composer en votre présence, et que vous mettrez plus tard en vers, si vous le jugez à propos.

---

(1) Montrésor, Saint-Ibal, et quatre autres gentilshommes attachés au comte de Soissons, arrachèrent de leur maître et de Gaston leur consentement à ce qu'ils tuassent le cardinal au sortir du conseil. Au moment de l'exécution, Gaston, qui devait donner le signal du meurtre, eut peur et manqua de résolution. Le comte de Soissons, dont on ne peut révoquer en doute le courage, n'avait pas celui du crime, et il se félicita de ce que son faible complice avait fait manquer ce projet. Craignant pour sa propre sûreté, il partit pour Sedan, d'où il écrivit au roi pour l'assurer de sa fidélité.

— Je suis aux ordres de monseigneur mon maître, répondit l'auteur du *Cid* en s'inclinant jusqu'à terre. S'agit-il d'une pièce héroïque ?

— Oui et non; vous allez en juger, car elle doit se passer devant vous : vous m'en direz votre sentiment après la représentation. Passez derrière cette portière; votre présence pourrait troubler les acteurs.

Corneille obéit, et ne fut pas médiocrement étonné de voir entrer le baron de Lampérière et sa fille Marie.

— Il m'est revenu d'étranges choses sur votre compte, dit le cardinal de sa voix stridente; vous vous êtes permis de singulières paroles sur mon compte et sur les personnes de ma maison, Monsieur le gouverneur des Andelys !

— Moi ? Monseigneur ! s'écria le vieil officier, qui voyait déjà le gibet se dresser devant lui.

— Oui, Monsieur !

— Je prends le ciel à témoin que je n'ai jamais prononcé le nom de monseigneur le cardinal qu'avec le respect auquel il a droit ; je le jure par mon salut !

— Ne faites pas un faux serment, interrompit Richelieu avec dureté. Vous feriez bien mieux de veiller sur votre fille, qui place, le soir, sur sa fenêtre, une lampe, afin que les godelureaux qui passent puissent la voir à loisir.

— Oh ! Monseigneur ! murmura Marie en fondant en larmes et en se cachant le visage.

— Malheureuse ! fit le commandant, hors de lui.

Personne, excepté moi, n'a droit de réprimande ici. Avant de condamner, tâchez de détourner la condamnation de dessus votre tête. Or, vous ne l'avez que trop méritée, cette condamnation, par la manière irrévérente dont vous avez parlé de la poésie et des poëtes !

— Moi, Monseigneur ! Et que vous importent ces propos, quand je les aurais tenus ? que vous importent de telles billevesées ?

— Que m'importe ? mon Dieu ! Mais vous ignorez donc que je tiens plus à cœur mon renom de grand poëte que mon renom d'habile ministre ? que médire de la poésie, c'est médire de moi, et que je me vengerai de l'insulte faite, en ma personne, au corps respectable des poëtes ?

Le commandant Lamperière, vieux soldat, plus habile à manier l'épée qu'à comprendre les mystifications, ne savait plus où donner de la tête. Le cardinal, joyeux du succès de sa plaisanterie, riait silencieusement dans sa barbe.

— Vous n'avez qu'un moyen d'obtenir grâce.

— Eh ! lequel, Monseigneur ?

— C'est de m'apporter, d'ici à une heure, une pièce de vers de votre composition.

A cette proposition le vieil officier pensa défaillir :

— Monseigneur peut faire dresser la hart, car je sais à peine tenir une plume pour signer mon nom.

— Écoutez, je veux bien faire une concession. Il me faut cette pièce de vers, mais je consens à ce qu'elle puisse venir de quelqu'un de votre famille.

— Mais, Monseigneur, ma fille n'est pas, que je sache, plus poëte que moi.

— Alors, mariez-là à un poëte qui puisse vous remplacer tous les deux dans cette circonstance ; j'en ai là un précisément sous la main.

Il tira le rideau et montra Corneille.

— Pardon, Monseigneur, s'écria le commandant Lamperière, tout rassuré ; il ne fallait pas y mettre tant de façon pour me dire que vous vouliez marier ma fille à Monsieur de Corneille. Mon arrestation, l'arrestation de Marie, notre voyage à Paris et cette rude matinée sont de trop.

— Non pas ; car d'abord je veux donner une dot de dix mille écus à Mlle Marie. Me pardonnera-t-elle à ce prix la rougeur et les larmes que je lui ai causées ?

Mademoiselle de Lamperière voulut porter à ses lèvres la main du cardinal, qui ne le lui permit point, mais qui l'embrassa galamment sur les deux joues.

— Quant à vous, commandant, je vous donne le commandement de la ville de Rouen, car vous êtes un bon et loyal serviteur du roi. Eh bien ! maître Corneille, que dites-vous de ma comédie héroïque ?

— Elle est un chef-d'œuvre, comme tous les ouvrages de monseigneur le cardinal.

— Alors pressons le dénoûment. Frère Joseph, appelez mon chapelain : qu'il unisse ces deux amants.

— Mon gendre, dit le commandant de Lamperière, en passant son bras sous le bras de Corneille, pour se rendre à l'oratoire, que ne me faisiez-vous dire par votre frère Thomas que vous étiez si bien en cour ? Cela aurait valu un meilleur accueil à sa demande que votre titre de poëte dont il faisait tant d'étalage.

— Eh ! vraiment, s'écria le cardinal qui l'entendit, je crois que le commandant médit encore de la poésie : la leçon n'a donc point été assez sévère ?

— Monseigneur, loin d'en médire, je veux apprendre

des vers par cœur et les réciter à l'occasion ; mon gendre m'indiquera les plus beaux.

— Ce sont les vers de *Mirame*, répondit Corneille.

— Mais, si je ne me trompe, objecta Lamperière, une pièce de ce titre a été jouée aux Andelys par une troupe de comédiens et n'a point reçu un brillant accueil.

— Silence, au nom du ciel ! et puisse le cardinal ne vous avoir pas entendu !

— Eh pourquoi ?

— C'est qu'il est l'auteur de *Mirame*.

— Il me tarde bien, pensa le vieux soldat, il me tarde bien de retourner en province, car je deviendrai fou au milieu de ces damnés poëtes ! Dieu me garde désormais des enfileurs de mots !

Mais il eut soin de ne pas dire haut ce qu'il pensait tout bas, et comme on était, sur ces entrefaites, arrivé à la chapelle, il s'agenouilla. La cérémonie terminée, les nouveaux époux eurent l'honneur de dîner avec monseigneur le cardinal : après quoi, M. de Lamperière recouvra sa liberté, prit congé de sa fille et de son gendre et partit pour Rouen, afin de prendre possession du commandement dont les lettres patentes lui furent remises en sortant de table.

Avec le léger bagage que l'on connaît à Philippe Van Champagne et à Nicolas Poussin, leur déménagement pour aller occuper le logement que Duchesne leur avait donné au collége de Laon, ne fut ni long, ni difficile, et ils purent le faire le jour même de leur installation au Luxembourg. Ce fut une fête pour les jeunes gens que de quitter la pauvre mansarde et de venir occuper deux jolies chambres meublées avec plus de luxe que jamais ils n'en avaient vu; que de voir succéder, à l'état précaire et au jour le jour, dans lequel ils vivaient, un avenir riant et assuré; du moins ils le croyaient. Aussi, pendant la première semaine, il fallait les voir s'évertuer à travailler pour mériter un sort si doux. Poussin, avec la merveilleuse facilité de talent qui le caractérisait, avait, au bout d'une semaine, terminé deux petits tableaux, dans les lambris d'une grande salle, et Van Champagne terminait l'esquisse d'une grande composition destinée à la chambre à coucher de la reine. Ils peignaient ainsi jusqu'à la nuit tombante; puis, quand l'obscurité les mettait dans l'impossibilité de continuer à manier le pinceau, ils s'en allaient dîner ensemble dans quelque taverne, non sans venir, presque tous les soirs, visiter Pierre Corneille, leur bienfaiteur et leur ami.

Mais Pierre Corneille, marié à celle qu'il aimait depuis si longtemps sans espoir, à celle qu'un miracle, opéré par un caprice du cardinal, lui avait donnée, était trop heureux pour songer à ses jeunes amis. Le bonheur rend égoïste, surtout quand le bonheur est de l'égoïsme qu'on fait à deux. Donc, il passait ses journées aux genoux de Marie qu'il ne pouvait se rassasier de voir et dont il ne se lassait pas d'entendre la douce voix. Ou bien il mettait le bras de sa femme sous le sien, et il l'emmenait faire une promenade dans Paris, cette ville de merveilles devant lesquelles s'extasiait la jolie Normande, qui ne connaissait encore d'autres monuments que le clocher des Andelys. Tantôt c'était le Palais-Cardinal, ses prodiges de dorure et ses tableaux qu'ils allaient admirer; tantôt c'était Notre-Dame, la vieille cathédrale au portail mauresque et aux innombrables figures fantastiques; une autre fois, Saint-Germain-l'Auxerrois recevait leur visite, ou bien Saint-Étienne-du-Mont au blanc Jubé. Marie admirait tout et se sentait heureuse, parce qu'elle était au bras de Pierre, par elle aimé plus que tout au monde; parce qu'ils se trouvaient ensemble, toujours ensemble. Et le soir, elle allait dans quelque loge obscure de l'hôtel de Bourgogne : là, Pierre s'asseyait à côté d'elle, prenant une de ses mains dans les siennes; c'est ainsi qu'elle aimait à entendre déclamer les vers de son mari, à voir jouer ses pièces. Oh! comme les vers de *Chimène* venaient l'émouvoir profondément! comme elle comprenait bien les passages que l'amour de Pierre pour Marie avait inspirés! Des larmes, mais de douces et heureuses larmes emplissaient ses yeux et coulaient sur ses joues : sa poitrine se serrait avec émoi et sa main serrait mollement les deux mains de Corneille, qui bénissait Dieu du fond de son âme.

— Merci, se disait-il en lui-même, merci! ô mon Dieu! pour n'avoir mis dans mon cœur que des pensées pures et chastes; pour ne m'avoir point fait chercher le bonheur hors du devoir! Tant qu'il ne m'a point été permis d'aimer Marie, tant que son père, par ses défenses, m'a tenu éloigné d'elle, j'ai respecté ces ordres sévères; je n'ai point cherché à l'entraîner à la désobéissance, et je me reprochais même, comme une faute, de passer sous sa fenêtre et de chercher à la voir!... Aujourd'hui, elle est à moi! aujourd'hui je puis avouer ma tendresse pour elle devant vous et devant les hommes. Merci, mon Dieu! merci, et que votre nom et que votre miséricorde soient bénis à jamais! Merci, car vous m'avez rendu le plus heureux des hommes!

Le spectacle terminé, ils rentraient chez eux, à pied, doucement, leurs bras enlacés, trop pleins d'émotion, trop débordant de bonheur pour se parler. Il y a des sensations qui n'ont pas besoin de paroles humaines pour être communiquées, et que ces paroles exprimeraient mal d'ailleurs. Tel était l'amour de Pierre pour Marie et de Marie pour Pierre ; amour saint, amour sans mélange et contre lequel ne pouvaient et ne purent jamais rien le temps et l'habitude, ces grands destructeurs des affections vulgaires, des affections qu'un ange n'abrite point sous ses ailes et que ne protége point de son ombre la main du Seigneur.

Huit jours s'écoulèrent sans que Pierre Corneille songeât à écrire un seul vers; et ce fut, un matin, Marie qui le fit souvenir qu'il était poëte ; Marie, que Pierre regardait s'acquitter de ses devoirs domestiques avec une grâce charmante et une simplicité digne des temps d'Homère et de Cornélie. En jupon court et les bras nus, elle savait relever les soins les plus humbles du ménage par la manière dont elle les remplissait et par l'ordre plein d'harmonie qu'elle savait répandre autour d'elle. La petite chambre où naguère gisaient en désordre les meubles, les livres et tant de papiers, avait pris un aspect nou veau et semblait avoir acquis une valeur que certes on ne lui aurait point soupçonnée auparavant. Ce miracle, opéré par le savoir-faire de la jeune femme, n'était point le seul devant lequel s'extasiait Corneille; il s'étonnait encore bien plus de l'économie apportée dans sa dépense par la jolie ménagère, qui, non-seulement ménageait sa bourse, mais encore l'entourait d'un bien-être dix fois plus complet que par le passé, quand il se trouvait son propre intendant. C'était du bonheur sans cesse pour le poëte que ce linge fin qui devait sa blancheur éclatante à Marie ; que ces vêtements en ordre disposés par ses mains ; que ces délicieux petits repas ragoûtants, coquets, mijottés, que les mains de Marie, ses mains mignonnes et blanches, avaient seules préparés. Comment vouliez-vous qu'il fît des vers au milieu des premières extases d'un si grand bonheur ! Aussi quand la jeune femme se pencha sur l'épaule de Corneille, inondant à demi le visage de son mari par les flots de ses cheveux blonds, qui semblaient imprégnés de soleil ; quand elle attacha sur lui ses grands yeux noirs, qu'elle entr'ouvrit ses lèvres roses et souriantes et qu'elle lui dit : « Pierre, Pierre, et les vers que vous avez promis au cardinal pour acquitter la dette de mon père ? Mauvais débiteur ! Vous avez reçu la pension et la femme, et vous n'en remboursez pas le prix ! » Il s'humilia sous le joli petit doigt qui le menaçait gaîment et prit la plume que Marie lui présentait. Puis il voulut écrire, puis il passa sa main sur son front large et puissant ; mais la plume tomba bientôt de ses doigts, et ses regards, élevés vers le ciel pour y chercher des pensées, se reportèrent tendrement sur Marie.

— Oh ! le paresseux ! oh ! le désobéissant ! fit-elle ; je ne pourrai donc pas être obéie, Monsieur ? Pierre ! Pierre, que cela est mal ! Allons, vite à la besogne, et ne me regardez point comme cela. Vous continuez... Eh bien ! vous ne me reverrez plus jusqu'à ce que ce bon cardinal soit payé. Je vais vous couvrir les yeux d'un bandeau, et vous me dicterez mes vers.

En proférant cette menace, la folâtre jeune femme dénoua le mouchoir attaché autour de son cou et en couvrit les yeux de son mari. Pierre, après une faible, joyeuse et courte résistance, se laissa faire et s'assit. Alors Marie se plaça près de lui, disposa sur les genoux de Corneille ce qu'il fallait pour écrire et resta devant ce bureau de son invention, prête à écrire.

Corneille, après quelques instants de méditation, composa le sonnet suivant qu'il dicta d'une voix lente :

A MONSEIGNEUR LE CARDINAL DE RICHELIEU

Puisqu'un d'Amboise et vous d'un succès admirable
Rendez également nos peuples réjouis,
Souffrez que je compare à vos faits inouis
Ceux de ce grand prélat sans vous incomparable.
Il porta comme vous la pourpre vénérable
De qui le saint éclat rend nos yeux éblouis;
Il veilla comme vous d'un soin infatigable,
Et fut ainsi que vous le cœur d'un roi Louis
Il passa comme vous les monts à main armée,
Il sut ainsi que vous convertir en fumée
L'orgueil des ennemis et rabattre leurs coups.
Un seul point de vous deux forme la différence :
C'est qu'il fut autrefois légat du pape en France,
Et la France en voudrait un envoyé de vous

— Eh bien! Madame? demanda-t-il quand il eut fini et en détachant le bandeau dont ses yeux étaient couverts, vous trouvez-vous satisfaite, et n'avez-vous plus rien à exiger de l'époux que vous traitez avec tant de rigueur ?

— Si fait! je veux qu'il m'embrasse, répliqua-t-elle en lui présentant son front pur et ses yeux bleus.

Elle ajouta, en passant ses bras autour du cou de son mari agenouillé devant elle :

— Demain, Pierre, vous reprendrez vos travaux, n'est-ce pas? Vous continuerez à écrire cette belle tragédie de *Polyeucte* dont vous m'avez lu hier les scènes commencées. Car, Pierre, il ne faut pas que vous vous arrêtiez dans la noble carrière où vous marchez avec tant de force! Il faut que l'on dise : « Depuis qu'il est marié, le grand Corneille est devenu plus grand encore. » Ta gloire, c'est ma gloire, Pierre, vois-tu! Ton nom c'est le mien, et je veux que l'auréole de ce nom brille pour deux d'une splendeur sans égale. Je jette là ma vieille noblesse afin de prendre la tienne, mon grand poëte; je n'étais que la fille d'un comte, je veux être la femme d'un roi!

— Mon Dieu! s'écria Corneille, je vous bénis du matin au soir pour la femme que vous m'avez donnée, et ces bénédictions ne suffisent point à exprimer ma reconnaissance! Oui, Marie, je vais travailler avec une nouvelle ardeur; oui, Marie, mon talent grandira encore; oui, ton nom sera célèbre, ton nom désormais uni au mien. Je sens l'inspiration qui m'arrive; je sens l'ardeur de mon génie qui se réveille, jeune et sublime! Tout à l'heure je te dictais un méchant sonnet pour t'obéir; maintenant écris une scène qui prouvera que *le Cid* et *Cinna* peuvent être égalés.

Alors, marchant à grands pas dans la chambre, il dicta cette belle scène de *Polyeucte*, son chef-d'œuvre de mélancolie et de résignation chrétienne :

Source délicieuse, en misères féconde,
Que voulez-vous de moi, flatteuses voluptés?
Heureux attachement de la chair et du monde,
Que ne me quittez-vous, quand je vous ai quittés
Allez, honneurs, plaisirs, qui me livrez la guerre,

Toute votre félicité,
Sujette à l'instabilité,
En moins de rien tombe par terre;
Et, comme elle a l'éclat du verre,
Elle en a la fragilité.

Ainsi n'espérez pas qu'après vous je soupire :
Vous étalez en vain vos charmes impuissants;
Vous me montrez en vain par tout ce vaste empire
Les ennemis de Dieu pompeux et florissants :
Il étale à son tour des revers équitables
Par qui les grands sont confondus;
Et les glaives qu'il tient pendus
Sur les plus fortunés coupables
Sont d'autant moins inévitables
Que leurs coups sont moins attendus.

Tigre altéré de sang, Décie impitoyable,
Ce Dieu t'a trop longtemps abandonné les siens
De ton heureux destin vois la suite effroyable!
Le Scythe va venger la Perse et les chrétiens.
Encore un peu plus outre, et ton heure est venue,
Rien ne t'en saurait garantir;
Et la foudre qui va partir,
Toute prête à crever la nue,
Ne peut plus être retenue
Par l'attente du repentir

Que cependant Félix m'immole à sa colère,
Qu'un rival plus puissant éblouisse ses yeux;
Qu'aux dépens de ma vie il s'en fasse beau-père,
Et qu'à titre d'esclave il commande en ces lieux;
Je consens ou plutôt j'aspire à ma ruine.
Monde, pour moi tu n'es plus rien;
Je porte en un cœur tout chrétien
Une flamme toute divine,
Et je ne regarde Pauline
Que comme un obstacle à mon bien.

Saintes douceurs du ciel, adorables idées,
Vous remplissez un cœur qui vous peut recevoir;
De vos sacrés attraits les âmes possédées
Ne conçoivent plus rien qui les puisse émouvoir;
Vous promettez beaucoup et donnez davantage

Vos biens ne sont pas inconstants,
Et l'heureux trépas que j'attends
Ne vous sert que d'un doux passage
Pour nous introduire au partage
Qui nous rend à jamais contents.

C'est vous, ô feu divin! que rien ne peut éteindre,
Qui m'allez faire voir Pauline sans la craindre....
Je la vois; mais mon cœur, d'un saint zèle enflammé,
N'en goûte plus l'appât dont il était charmé,
Et mes yeux, éclairés des célestes lumières,
Ne trouvent plus aux siens leurs grâces coutumières.

Cependant Philippe et Nicolas travaillaient avec ardeur au Luxembourg, car le bruit s'était répandu que la reine Anne d'Autriche devait bientôt visiter ce palais, et il leur tardait de faire preuve de talent devant une princesse dont chacun vantait avec raison le goût exquis pour les arts, et la puissante protection qu'elle leur accordait. Ce ne fut donc pas sans surprise et sans mécontentement qu'ils reçurent de Duchesne l'ordre de ne point venir peindre au Luxembourg le jour où se ferait cette visite tant désirée par eux. En vain cherchèrent-ils à pénétrer les motifs de cet ordre singulier; ils n'arrivèrent qu'à des conjectures impossibles, et, comme on le verra, éloignées des motifs véritables qui faisaient agir le peintre ordinaire du roi et de Mgr le cardinal de Richelieu. Mais le hasard dérangea les prévisions et les mesures de Duchesne, car la veille du jour fixé pour la visite royale, un grand bruit se fit entendre dans la cour du château, et le directeur des peintures vit arriver la reine et toute sa suite. Aussitôt, avant même d'aller recevoir la princesse, Duchesne courut dans les salles où travaillaient Le Poussin et Van Champagne, leur ordonna de se retirer dans une autre salle qu'il leur désigna, et revint ensuite pour la réception de la reine.

Anne d'Autriche, entourée de quelques dames seulement et des officiers de sa suite, paraissait sous le poids de pensées douloureuses, et il était aisé de voir à la rougeur de ses yeux légèrement gonflés et à l'animation de ses joues qu'elle avait naguère versé des larmes.

— Maître Duchesne, dit-elle en descendant de sa litière, vous recevez notre visite un peu plus tôt qu'il n'était convenu ; mais je quitte Paris demain pour aller habiter durant le reste de la belle saison ma demeure royale de Fontainebleau, et je n'ai pas voulu laisser Paris sans avoir admiré le palais du Luxembourg, que vous faites si beau, de l'avis de tous.

Et puis, Mina, ajouta-t-elle tout bas en se penchant vers une de ses femmes, il me fallait une distraction à tout prix; car, si j'étais restée enfermée dans mon appartement, je serais devenue folle, je crois, d'indignation et de désespoir.

— Du courage ! Madame, répliqua du même ton celle à qui elle s'adressait.

— Oui, du courage, j'en ai besoin, pauvre reine que je suis (1) !

Une larme coula sur ses joues; elle l'essuya avec un geste de colère, et s'avança brusquement pour rejoindre Duchesne.

— Voyons vos peintures, Monsieur.

(1) Accusée par le cardinal d'être la complice de Chalais, la reine Anne d'Autriche reçut l'ordre de se rendre au château de Fontainebleau, où elle resta fort longtemps dans une sorte d'exil.

Le groupe des visiteurs se mit aussitôt à parcourir les salles nouvellement décorées par Duchesne, tantôt s'arrêtant pour admirer plus à l'aise, tantôt pour écouter les observations que faisait la reine avec un goût et un tact des plus remarquables. Ce fut ainsi qu'ils arrivèrent à la chambre à coucher destinée à être habitée par Anne d'Autriche et dans laquelle se trouvait l'esquisse du tableau que Philippe Van Champagne peignait sur place. Ce tableau, qui devait représenter Vénus servie par les Grâces, se trouvait déjà largement ébauché et donnait une idée juste et avantageuse de ce que deviendrait l'œuvre achevée. La reine fit signe à l'une de ses femmes de lui avancer un fauteuil.

— Mina, il faut nous arrêter devant cette toile plus longtemps que devant les autres, car il ne se trouve dans ce palais rien de si digne d'admiration. Jamais, M. Duchesne, vous n'avez rien fait de si bien conçu et de si bien exécuté. Si j'avais quelque crédit à la cour, je vous récompenserais d'une façon plus digne, ajouta-t-elle avec un sourire plein d'amertume ; mais, faute de mieux, je vous prie d'accepter cette chaîne d'or et de la porter en souvenir de moi : votre tableau est une œuvre admirable.

Déjà elle détachait le bijou et se disposait à le donner à Duchesne lorsqu'une porte s'ouvrit et laissa voir Le Poussin. Duchesne lui jeta un regard de courroux qui cependant n'arrêta point le jeune homme. Nicolas continua à avancer avec respect, mais en même temps avec hardiesse ; il s'agenouilla devant la reine :

— Si Votre Majesté daignait me permettre de répéter ou plutôt si elle daignait dire elle-même à l'auteur de ce tableau les paroles bienveillantes qu'elle vient de laisser tomber de ses lèvres royales, elle ferait un heureux, et donnerait à un pauvre jeune homme, qui doute de lui-même, la conscience de sa propre force.

Anne d'Autriche se leva vivement.

— Ce n'est donc point vous, M. Duchesne, demanda-t-elle, qui avez peint ce tableau ?

Duchesne, le visage couvert du rouge de la honte et de la colère, répondit :

— Ce jeune homme et son compagnon travaillent sous mes ordres.

— Et vous vous attribuez l'honneur de leur travail ! N'était-ce point, pour un homme tel que vous, assez que de l'argent ? Ainsi, chacun se croit ici le droit de me tromper et de se rire de moi. Cette chaîne ! remettez-moi cette chaîne ! Et vous, jeune homme, allez me chercher le jeune peintre votre ami.

Nicolas obéit avec promptitude et revint presqu'à l'instant même avec Philippe.

La reine leur sourit :

— Vous êtes un peintre plein de talent et dont on s'attribue ici le mérite avec impudence, fit-elle à Van Champagne ; je veux vous venger : préparez-vous à me suivre avec votre ami à Fontainebleau, où j'ai à vous confier des travaux dont on ne vous volera pas, comme on le fait ici, le renom.

— De quelle manière témoigner ma reconnaissance à Votre Majesté ? s'écria Philippe, qui fit un mouvement pour s'agenouiller.

Au même instant, la reine jeta un grand cri, tomba sur le parquet et se débattit au milieu de violentes convulsions.

— Sortez ! sortez ! dirent les femmes de la reine. Sortez ! laissez-nous prodiguer à Sa Majesté les secours que lui rend trop nécessaires, hélas ! votre imprudence. Sortez, malheureux jeune homme, et ne reparaissez jamais devant elle.

— Mais qu'ai-je fait ? demanda Philippe éperdu.

— Cette rose ! cette rose tombée de votre chaperon ! s'écria une des femmes en jetant la fleur par la fenêtre que l'on venait d'ouvrir pour donner de l'air à la reine.

— Cette rose ! répéta Philippe avec anxiété et sans rien y comprendre.

— Oui, mon artiste célèbre, cette rose, dit Duchesne, qui avait suivi les jeunes gens consternés, cette rose vous destitue de votre emploi de peintre ordinaire de la reine et vous punit de votre délation. Vous pouvez, en outre, ainsi que votre compagnon, regarder désormais la porte du Luxembourg comme fermée pour toujours, ainsi que l'hôtel de Laon, à des drôles aussi effrontés que vous faites. Adieu et bonne fortune.

Sans rien comprendre à cette aventure et fort déconcertés, Philippe et Nicolas prirent le chemin de la demeure de Corneille et frappèrent à sa porte. Vous pouvez juger de leur surprise quand ils virent non pas le poëte, mais une jeune femme venir leur ouvrir, et que Le Poussin, né aux Andelys, reconnut dans cette jeune femme Mlle de Lamperière.

— Mon mari sera bientôt de retour, Messieurs, fit-elle avec sa grâce accoutumée. En effet, presque à l'instant, Corneille revint, un gros sac d'écus sous le bras

— Ah ! vous voilà, mes jeunes amis, dit-il ; vous voyez quel trésor le ciel m'a envoyé depuis votre der nière visite : je suis marié, marié à cet ange, et tout me réussit comme par enchantement depuis qu'un miracle de Dieu me l'a donnée. Mais je vous parle de mon bonheur et je vous vois tristes et soucieux ; qu'avez-vous ?

Poussin lui conta ce qui venait de se passer.

— Mon Dieu ! mon Dieu ! que me dites-vous là ! Quoi ! Duchesne, celui que j'aimais comme un ami et que j'estimais un loyal et honnête homme, n'a point rougi de faire l'infâme métier que vous dites ? Est-il possible, mon Dieu, qu'il se trouve des caractères si bas et si vils ! O Marie ! sans toi je ne croirais plus à rien en perdant ma croyance en cet homme. Allons, reprit-il, c'est faiblesse que de douter de la vertu pour un seul qui la trahit... Et dire qu'un incident futile détruit pour vous toutes les bonnes dispositions de la reine et fait avorter le brillant avenir que vous assurait sa protection ! Savez-vous quel motif a causé son évanouissement et sa crise nerveuse ? c'est la vue de la malheureuse rose tombée de votre chaperon. La reine éprouve toujours de pareils symptômes chaque fois qu'une de ces fleurs s'offre à sa vue... C'est assez parler du passé, parlons du présent. Quels sont vos projets, qu'allez-vous faire ?

— Je compte repartir dans mon pays, dit Philippe Van Champagne ; je trouverai près de Rubens une protection qui ne m'ôtera pas la gloire de mes travaux.

— Et moi, répliqua Poussin, je vais partir pour l'Italie.

— Pour ces deux voyages il faut de l'argent, fit Corneille après avoir consulté sa femme par un regard, et si ce sac d'argent que les comédiens viennent de remettre...

— Merci, mon noble ami ! nous sommes riches. Depuis huit jours, il nous est arrivé quelques pièces d'or, et nos pinceaux suffiront à tout quand ces ressources nous manqueront. D'ailleurs nous sommes jeunes, bien portants, et la pauvreté ne nous effraye point : c'est une trop vieille amie pour que nous la voyions arriver avec crainte.

— Voilà comme je pensais naguère encore ; mais à présent j'ai bien changé de manière de voir : je songe à devenir économe et je voudrais être riche, non pas pour moi, mais pour elle.

— Voyez le menteur ! interrompit la jeune femme en riant, il me disait encore tout à l'heure qu'il ne désirait rien au monde.

— Pour moi oui, mais pour toi !... Oh ! si vous saviez combien je voudrais la rendre heureuse ! ajouta-t-il avec des larmes de bonheur et d'amour qui brillaient dans ses yeux.

— Comment la femme du bon Corneille, du grand Corneille ne serait-elle pas fière et heureuse ! répliqua-t-elle en attirant son mari vers elle.

— Partons ! Philippe, s'écria Le Poussin, partons ! puisque la destinée veut que nous nous séparions, nous qui nous aimions si tendrement ! Partons ! Allons conquérir de la gloire pour obtenir le droit d'être aimé, comme ce grand génie, par une femme douce et belle. Partons ! et que Dieu daigne nous réserver un jour dans l'avenir du bonheur et de la gloire !

Adolphe, en achevant son récit, tira sa montre et montra à Paul l'heure qu'elle indiquait.

— Eh! bien, dit-il, qu'en penses-tu? Ai-je tenu ma promesse? Je t'avais promis que tu ne te coucherais pas avant une heure du matin, et voici qu'il en est trois.

— Et je n'ai guère envie de dormir, je te l'avoue.

— Mais moi, je tombe de sommeil. Bonsoir! A demain matin! Dors sur tes deux oreilles comme je vais le faire!

CHAPITRE HUITIÈME.

L'HORLOGE, LE CALENDRIER ET LE BAROMÈTRE DES FLEURS.

Le lendemain matin, les deux amis, qui avaient passé une partie de la nuit à veiller, se livrèrent aux douceurs de la grasse matinée et ne se levèrent guère que vers huit heures, pour déjeuner d'abord, et ensuite pour se rendre à la messe, car c'était un dimanche.

Adolphe, appuyé sur le bras de Paul et grâce à son système de frictionnement, put, sans trop de douleur, gagner l'église, où son compagnon le vit prier avec une ferveur qui l'édifia.

C'est que rien ne porte invinciblement vers les idées religieuses comme l'étude de la nature en face des œuvres du Créateur ; on comprend d'autant mieux son immensité divine qu'on se sent plus petit soi-même. Depuis tant de siècles que l'homme étudie la création, malgré les grandes découvertes qu'il a conquises, est-il parvenu à déchiffrer plus d'une ou deux lettres de l'alphabet mystérieux? Or, avant qu'il connaisse toutes les autres lettres qui composent cet alphabet, avant qu'il puisse les assembler pour former des mots, avant qu'il comprenne le sens de ces mots, combien de centaines de milliers de siècles s'écouleront encore !

Adolphe pria donc comme le plus humble des paysans qui l'entouraient.

L'office terminé, il revint à l'école communale, s'assit dans le jardin, s'établit devant une table que lui apporta Paul, et se mit à disposer dans les feuilles de son herbier les plantes qu'il avait collectionnées la veille.

Paul le regardait faire et l'aidait de son mieux. Une partie de la matinée s'écoula donc sans qu'ils se préoccupassent beaucoup du temps qui s'écoulait.

— Je sens à mon estomac qu'il commence à se faire tard et que le moment du second déjeuner approche, dit Paul; il faut que j'aille consulter ma montre que j'ai laissée dans ma chambre.

— Il doit être un peu moins ou un peu plus de midi, répondit Adolphe.

— Et qui te fait supposer cela?

— C'est cette *mauve fauve* qui commence à s'épanouir.

— Eh quoi! s'ouvre-t-elle toujours à la même heure?

— Oui, à peu de chose près. Je ne te dirai pas qu'elle le fait avec l'exactitude d'un régulateur de Ferdinand Berthoud ou d'une montre de Bréguet, mais enfin elle en met assez pour qu'à trente à quarante minutes près, on sache l'heure.

— Ce que tu dis m'étonne bien.

— C'est à Linné qu'on doit cette découverte, et le hasard l'y a conduit. Un soir que le savant suédois visitait ses fleurs pour s'assurer que son jardinier les avait convenablement arrosées, il resta frappé de l'aspect qu'elles présentaient.

Les sainfoins des Indes attirèrent d'abord son attention. Ils ont trois folioles, comme le trèfle, deux petites sur les côtés ; au milieu, une grande, qui, pendant le jour, reste horizontale et sans mouvement.

Cette foliole du milieu, courbée, s'appliquait sur son support, comme si la fatigue l'invitait au repos, tandis que les deux autres, sans cesse en mouvement, allaient se relevant et s'abaissant, sans mettre plus d'une minute à accomplir cette évolution. Toutefois, elles montaient moins vite qu'elles ne descendaient.

De leur côté, les trèfles, qui semblaient avoir perdu leurs fleurs, redressaient leurs folioles, qui dormaient trois à trois sur leurs longues queues ou pétioles ; les mauves se tenaient roulées en cornets : le mouron avait clos ses fleurs ; les feuilles des fèves s'appliquaient les unes sur les autres ; le baguenaudier écartait ses feuilles des fleurs ; enfin les casses retournaient leurs folioles et les abaissaient, pour qu'elles pussent dormir dos à dos et s'étayer les unes les autres. Quant au lupin, on eût dit une tige sans feuilles, tant celles-ci se serraient de près sur la tige

Dès lors Linné se mit à étudier les plantes de ses jardins et de ses serres, et observa que toutes s'éveillaient et s'endormaient à des heures différentes.

En effet, pour n'en citer que quelques-unes, le *salsifis* à feuilles de porreau (*tragopogon porrifolius*) présente au soleil sa tête rayonnante comme lui ; il se réveille lorsque l'astre éclaire l'horizon, c'est-à-dire entre trois et cinq heures du matin.

La rose des marais, le nénuphar (*nymphœa alba*), dont la large feuille nage sur la surface des lacs, élève sa tête au-dessus des eaux vers deux heures, et la replonge dans les ondes au crépuscule.

La jolie ornithogale en ombelle (*ornithogalum umbellatum*); lorsque ses délicats pétales présentent leur surface argentée à la lumière, annoncent que dans une heure le soleil aura atteint sa plus grande hauteur.

La ficoïde glaciale (*mesembryanthemum crystallinum*) aux humbles rameaux, dont les tiges paraissent en tout temps chargées de grosses gouttes de rosée, ou plutôt de petits morceaux de glace, montre à midi sa fleur.

La *ficoïde d'après-midi* (*mesembrianthemum pomeridianum*) ne s'arrache au sommeil qu'entre une et deux heures.

Le *souci* hygromètre (*calendula pluvialis*) ouvre, à sept heures du matin, ses jolies fleurs d'un jaune doré, et les referme entre trois et quatre du soir, à moins que le ciel ne menace d'un orage, car, dans ce cas, cette plante prudente attend pour s'ouvrir que le mauvais temps soit passé.

Le silénė nocturne (*silene noctiflora*) annonce que le soleil va bientôt achever de fournir sa carrière ; il s'ouvre entre cinq et six heures du soir.

La belle de nuit (*mirabilis jalapa*) ne dévoile ses attraits qu'entre sept et huit heures.

Enfin le liseron grimpant (*convolvulus purpureus*), dont les tiges longues et grêles ont besoin d'un arbuste pour se soutenir, n'ouvre ses cloches pourprées que lorsque la deuxième heure de la nuit a plongé la nature dans le repos.

Après de longues observations, Linné est parvenu à combiner une *horloge de Flore*.

D'après ce maître, le *cercifis* jaune (*tragopogon lu-

teum) s'éveille de deux à quatre heures du matin, et s'endort de huit à neuf heures.

La chicorée blanchâtre (*cichorium scanense*), de trois à quatre heures, etc., etc.

Voici, du reste, copié sur la première page de mon herbier, le programme de cette horloge.

Il faut toutefois l'avancer d'une heure, car Linné a écrit ce programme en Suède, à Upsal, par 60 degrés de latitude boréale, et il doit y avoir à peu près la différence d'une heure dans les moments déterminés pour que les plantes ouvrent et ferment leur corolle.

Horloge de Flore.

HEURES de l'épanouiss.	NOMS VULGAIRES DES PLANTES.	NOMS SCIENTIFIQUES.	HEURES auxquelles les fleurs se ferment.	
Matin.			Matin.	Soir.
3 à 5	Cercifis jaune	*Tragopogon luteum*	9 à 10	
4 à 5	Chicorée blanchâtre	*Cichorium Scanense*	10	
4 à 5	Crépide des toits	*Crepis tectorum*	10 à 12	
4 à 5	Pissenlit taraxacoïde	*Leontodon taraxacoïdes*	......	3
4 à 5	Grande picride	*Picris magna*	12	2
4 à 6	Scorsonère d'Afrique	*Scorzonera Tingitana*	10	
5	Hémerocalle fauve	*Hemerocallis fulva*	......	7 à 8
5	Pavot à tige nue	*Papaver nudicaule*	......	7
5	Laitron lisse	*Sonchus lævis*	11 à 12	
5 à 6	Liseron droit	*Convolvulus rectus*	......	7 à 8
5 à 6	Crépide des Alpes	*Crepis Alpina*	11	
5 à 6	Lampsane glutineuse	*Lampsana glutinosa*	10	
5 à 6	Lampsane rhagadiole	*Lampsana rhagadiolus*	10	1
5 à 6	Pissenlit dent de lion	*Leontodon taraxacum*	8 à 9	
5 à 6	Cercifis à colonnes	*Tragopogon columna*	11	
6	Epervière frutiqueuse	*Hieracium fruticosum*	......	5
6	Porcelle des prés	*Hypochæris pratensis*	......	4 à 5
6 à 7	Crépide rouge	*Crepis rubra*	......	1 à 2
6 à 7	Epervière des murailles	*Hieracium murorum*	......	2
6 à 7	Epervière rouge	*Hieracium rubrum*	......	3 à 4
6 à 7	Laitron de Belgique	*Sonchus Belgicus*	......	2
6 à 7	Laitron rampant	*Sonchus repens*	10 à 12	

HEURES de l'épanouiss.	NOMS VULGAIRES DES PLANTES.	NOMS SCIENTIFIQUES.	HEURES auxquelles les fleurs se ferment. Matin.	Soir.
Matin.				
6 à 8	Alysse alyssoïde.........	*Alyssum alyssoïdes*......	......	4
7	Antheric blanc...........	*Anthericum album*.......	......	3 à 4
7	Souci pluvial............	*Calendula pluvialis*......	......	3 à 4
7	Epervière à larges feuilles	*Hieracium latifolium*....	......	1 à 2
7	Laitue cultivée..........	*Lactuca sativa*..........	10	
7	Pissenlit à feuilles de chondrilles............	*Leontodon chondrilloïdes*.	......	3
7	Nénuphar blanc..........	*Nymphæa alba*	......	5
7	Laitron de Laponie......	*Sonchus Laponicus*.......	12	
7 à 8	Porcelle hispide..........	*Hypochœris hispida*......	......	2
7 à 8	Lampsane rhagadioloïde..	*Lampsana rhagadioloïdes*.	......	2
7 à 8	Ficoïde barbue..........	*Mesembryanthemum barbatum*...............	......	2
7 à 8	Ficoïde linguiforme.....	*Mesembryanthemum linguiforme*............	......	3
8	Mouron rouge...........	*Anagallis rubra*.........	......	3
8	Œillet prolifère.........	*Dianthus prolifer*........	......	1
8	Epervière piloselle.......	*Hieracium pilosella*.....	......	2
9	Souci des champs........	*Calendula arvensis*.......	12	
9	Epervière chondrilloïde...	*Hieracium chondrilloïdes*.	......	1
9 à 10	Sabline pourpre.........	*Arenaria purpurea*......	......	2 à 3
9 à 10	Mauve rose.............	*Malva helvula*...........	......	1
9 à 10	Ficoïde................	*Mesembryanthemum crystalinum*..............	......	3 à 4
10 à 11	Ficoïde de Naples.......	*Mesembryanthemum Napolitanum*...........	......	3
Soir.				
5	Belle de nuit faux jalap..	*Mirabilis jalapa*.........	9 à 10	
6	Géranium triste..........	*Geranium triste*..........	10 à 11	
9 à 10	Silène fleur de nuit......	*Silene noctiflora*.........	7 à 8	
9 à 10	Cactier à grande fleur...	*Cactus grandiflora*......	......	12

Avant d'en finir avec le sommeil des plantes, laisse-moi te dire que, pendant qu'elles dorment, les feuilles rappellent vaguement, par l'attitude qu'elles prennent, la manière dont elles se tenaient ployées, avant leur éclosion, dans le bourgeon cotonneux qui les contenait à l'état de rudiment.

— Tout cela tient vraiment du merveilleux! s'écria Paul.

— Attends! je viens de te donner une horloge florale; voici maintenant un calendrier.

En janvier, fleurit l'ellébore noir (*helleborus niger*), si remarquable par ses belles corolles d'un blanc rosé, de la grandeur d'une rose, et affectant un peu la forme en coupe peu profonde de celle-ci; d'où lui est venu le nom de *rose de Noël*. Les anciens croyaient que la racine de cette plante, prise en poudre, guérissait de la folie.

En février, la jolie galante perce-neige (*galanthus nivalis*) montre parmi les frimas sa petite tête d'un blanc de lait, qui échapperait à la vue sur la neige, si ses pétales n'étaient marqués d'une tache verte en forme de cœur.

En mars, les gazons encore flétris se tapissent de la fleur rouge, purpurine ou violette, de l'hépatique anémone (*hepatica triloba*), tandis que la ficaire renoncule (*ficaria ranunculoïdes*) ouvre, sur le bord des marais, ses corolles dorées.

En avril, tu trouveras sur la lisière des bois la sylvie aux fleurs roses (*anemone nemorosa*), et, dans les prairies, le pissenlit (*taraxacum dens-leonis*).

En mai, les jeunes filles se font un plaisir d'aller cueillir dans les bois, au milieu des mousses et des lichens, les grelots parfumés du muguet (*convallaria maïalis*), pendant que la coquette spirée (*spirœa filipendula*) semble étaler avec une sorte de vanité, le long des ruisseaux, ses grands panaches de fleurs blanches.

En juin, le bleuet (*centaurea cyanus*), que les enfants

picorent dans les blés pour en tresser des couronnes, et le coquelicot (*papaver rhœas*), qui lui dispute l'éclat des couleurs, mêlent leurs corolles brillantes à la verdure jaunissante des moissons.

En juillet, la salicaire (*lythrum salicaria*) développe, au pied des saules qu'elle affectionne, ses longs épis de pétales chiffonnés, et la tanaisie (*tanacetum vulgare*) couronne ses tiges aromatiques de corymbes jaunes.

En août, lorsque la terre reste dépouillée de verdure on aime à trouver, sous les buissons épais qui bordent les prairies, les fleurs azurées de la scabieuse mors du diable (*scabiosa succisa*) et les corolles jaunes de l'euphraise (*euphrasia lutea*), qui ressemble à un arbre en miniature.

En septembre, le colchique d'automne (*colchicum autumnale*), que les anciens nommaient *filius ante pater*, parce que ses fleurs naissent avant les tiges et les feuilles, émaille les prairies fraîches de ses corolles roses semblables au safran, tandis que le cyclamen, caché sous l'ombre des haies, laisse pendre vers la terre ses jolies fleurs blanches, dont les pétales se tordent avec effort pour se tourner vers le ciel

En octobre, l'aster à grande fleur (*aster grandiflorus*) parc encore nos jardins de ses fleurs d'un blanc pourpré, exhalant une agréable odeur de citron. C'est alors que l'anthemis à grande fleur, ou chrysanthème des Indes (*chrysanthemum Indicum*) développpe avec orgueil sa toilette aux mille couleurs.

En novembre, la plupart des fleurs ont disparu. La ximénésie (*ximenesia encelioïdes*), aux fleurs jaunes et radiées, ainsi que les corymbes blancs du laurier-thym (*viburnum tinus*), parent cependant encore les jardins d'amateurs.

En décembre, on rencontre avec surprise les jolies grappes lilas du tussilage odorant (*tussilago fragrans*), plante que son odeur suave a fait nommer l'héliotrope d'hiver.

— Est-ce que par hasard ces plantes ne serviraient pas aussi de baromètre? demanda Paul en riant.

— Assurément, répliqua gravement Adolphe.

Parmi les plantes hygrométriques, c'est-à-dire qui se ferment aux approches de la pluie, il faut citer d'abord toute la famille des *carlines*.

On n'en trouve guère, dans la France tempérée, que deux espèces :

La *carline vulgaire*, à fleurs jaunâtres, et la *carline officinale*, qui pousse l'été sur le bord des chemins. Sa volucre produit deux sortes de folioles : les unes, disposées à l'extérieur, sont épineuses et découpées, de la couleur des feuilles ordinaires; les autres, placées à l'intérieur, sont beaucoup plus longues, luisantes, blanches, le plus souvent en forme de lances et aiguës. Ses fleurs, hermaphrodites, portent des paillettes membraneuses sur leur réceptacle; elles possèdent deux aigrettes, l'une composée de poils roux à l'extérieur, et l'autre plumeuse, qui couronne les *akènes*. Ce mot signifie en grec *qui ne s'ouvre pas*.

Dans les montagnes méridionales de l'Europe, croît une carline à tige remarquable par les énormes dimensions de ses fleurs; les paysans en mangent les *réceptacles* en guise d'artichaut.

La carline a passé longtemps pour posséder des vertus médicinales, qui se réduisent à peu près aujourd'hui à quelques propriétés sudorifiques.

Une légende raconte qu'après la bataille de Roncevaux, Charlemagne, désespéré, demandait à Dieu de lui donner la mort, puisque son neveu Roland, le preux des preux et le soutien le plus ferme de la puissance de son oncle, avait succombé dans le combat.

Tout à coup un ange lui apparut.

— Dieu, dit-il à l'empereur, t'a enlevé ton neveu, mais il te donne en échange cette plante du paradis, qui portera ton nom, et qui guérira tous les maux qui affligent l'espèce humaine, à commencer par le chagrin.

Charlemagne porta la carline à ses lèvres, et aussitôt il se sentit tellement consolé qu'il releva la tête et ne versa plus une seule larme.

Aujourd'hui, la plante apportée du ciel a perdu ses propriétés divines, mais elle conserve encore le nom du grand empereur.

— Je mangerai des tiges de carline le jour de ton départ, dit Paul en riant.

— Puissent-elles te consoler de l'éloignement de ton ami, qui, par malheur, n'est pas un Roland!

— Et quelles plantes encore sont hygrométriques?

— Le *souci pluvial* (*calendula pluvialis*), qui, je te l'ai dit, ouvre avec le lever du soleil sa couronne d'or, et la ferme avec son coucher. Lorsque le temps se couvre et que la pluie menace, il rapproche les unes contre les autres les nombreuses pétales de sa corolle blanche au centre et violette sur les bords.

En général, quand il doit pleuvoir, les plantes hygrométriques n'ouvrent pas leur corolle le matin, et si, après une belle matinée, le ciel menace d'un orage, elles ferment aussitôt leurs fleurs.

Nous avons en France une très-jolie petite plante, l'oxalide oseille (*oxalis acetosella*), plus sensible encore au mauvais temps, car, s'il doit pleuvoir, elle n'ouvre ni ses fleurs ni ses feuilles, et, si par hasard sa prudence et sa prévoyance sont mises en défaut, elle referme les unes et es autres.

Il existe quelques végétaux hygrométriques dans toutes leurs parties : telles sont la funaire hygromètre (*funaria hygrometrica*) et la célèbre rose de Jéricho (*anastatica Hierochuntina*).

Autrefois, les pèlerins qui revenaient de Jérusalem manquaient rarement de rapporter avec eux, comme quelque chose de merveilleux, des roses de Jérusalem. Cette prétendue rose n'est autre chose qu'une petite plante entière appartenant à la famille des crucifères. On l'arrache et on la fait sécher à l'ombre; ses rameaux se crispent, se retirent, se rapprochent les uns des autres, s'entrelacent et forment bientôt de toute la plante une sorte de boule. Elle reste en cet état tant que l'atmosphère ne renferme aucune humidité; mais, lorsque le temps se met à la pluie ou à l'orage, les rameaux se détortillent, se gonflent, s'allongent et s'étendent comme les bras d'un poulpe ou d'un polype. Ils se contractent de nouveau quand le ciel devient serein.

Les barbes des graminées en général, celles du seigle et de la folle avoine en particulier, jouissent d'une grande sensibilité hygrométrique. A l'approche de la pluie, elles se gonflent et se tordent d'une façon très-caractéristique.

L'industrie et la science se sont emparées de cette

propriété pour construire, à l'aide des barbes de la folle avoine (*avena fatua*) de petits hygromètres fort curieux.

On fixe une de ces barbes au milieu d'un petit cadran, et l'on place à l'extrémité du poil végétal une aiguille légère en papier. Cette aiguille naturellement suit les torsions de son support, et indique sur le contour du cadran les variations de l'atmosphère.

Puisque je te parle des hygromètres végétaux, laisse-moi te dire un mot des hygromètres scientifiques.

Parmi ceux-ci, il faut citer l'hygromètre de Saussure, qui est le plus important, et que l'on construit de la manière suivante :

On fait bouillir pendant vingt-cinq à trente minutes, dans de l'eau contenant un centième de carbonate de soude, un paquet, de la grosseur d'une plume à écrire, de cheveux très-doux; on lave les cheveux, et on les fait sécher.

Ainsi préparés, on prend un de ces cheveux; on le fixe par une de ses extrémités; on le tend verticalement, et on roule une ou deux fois son autre extrémité autour d'un axe horizontal. A cet axe, on attache une aiguille mobile, dont la pointe correspond à un cercle gradué.

Bien entendu que le cheveu est maintenu dans sa position verticale à l'aide d'un contre-poids de 15 centigrammes (3 grains), suspendu à l'aide d'un fil de soie roulé également autour de l'axe. Tout étant ainsi disposé et l'instrument abandonné à lui-même, à l'air libre, voici ce qui arrive.

Le cheveu absorbe l'humidité et s'allonge; l'axe est mis en mouvement par la pesanteur du contre-poids, et l'aiguille marche : elle marche peu ou beaucoup, suivant qu'il y a peu ou beaucoup d'humidité absorbée. On sait que les cheveux bien préparés se dilatent ou s'allongent de $\frac{1}{50}$ de leur longueur totale, depuis la sécheresse extrême jusqu'à l'humidité extrême, tandis que, non dépouillés de leur matière grasse, ils ne se dilatent que de $\frac{1}{200}$, et encore d'une manière peu régulière.

D'après Saussure, on détermine l'extrême humidité en plaçant l'hygromètre sous une cloche de verre qui plonge dans l'eau, et dont on mouille les parois. Au bout d'une heure, le cheveu arrive à l'humidité extrême, car, dans cet état de choses, il faut bien admettre que l'air a été complétement saturé. On note le point où l'aiguille s'arrête.

On détermine ensuite la sécheresse extrême en plaçant l'instrument sous une autre cloche parfaitement sèche, avec du carbonate de potasse déposé sous une plaque de tôle de fer d'abord chauffée jusqu'au rouge, puis refroidie assez pour ne pas briser la cloche.

Au bout de trois jours, si toutes les conditions ont été bien remplies, l'hygromètre est fixé. Le point où il s'est arrêté est marqué 0 : c'est le point de la sécheresse extrême. On divise ensuite l'intervalle en cent parties égales ou degrés.

Tel est le mode de construction de l'hygromètre de Saussure.

Je t'ai, l'autre jour, enseigné la manière de fabriquer une troisième espèce d'hygromètre, dont je vois même un fort bel échantillon fait de mes mains accroché à la fenêtre, il ne me reste plus qu'à t'entretenir d'une autre manière de connaître à l'avance les variations du temps :

C'est la scintillation des étoiles.

En étudiant cette scintillation, à l'aide d'une bonne lunette, on peut, dans de certaines circonstances favorables, induire de quel point souffle le vent dans les régions supérieures de l'atmosphère; s'il y a des courants ascendants ou descendants; si l'atmosphère est chargée de nuées de vapeur à l'état vésiculaire; s'il existe même de larges gouttes d'eau dans les régions élevées d'un ciel serein, gouttes d'eau qui sont absorbées en traversant des couches d'air d'une température plus élevée, ou qui tombent sur le sol, quoique au zénith le ciel soit parfaitement pur.

Si les faits que j'ai souvent observés sont exacts, dit M. de Portal, s'ils ne sont pas le produit du hasard, d'une coïncidence singulière ou de ces illusions si fréquentes dans les observations qui reposent sur des instruments d'optique, on peut savoir, par le moyen de la scintillation, s'il se forme un orage, un ouragan, un grand vent, de la pluie, etc.

« Au mois d'août 1858, au bord de la mer, à Arcachon, la scintillation marquait la plus grande perturbation atmosphérique; le lendemain, il y eut un ouragan. Un mois plus tard, en septembre, même observation et même résultat aux environs de Bordeaux. J'ai fait bien souvent depuis la même observation sans en prendre note, considérant le fait comme acquis, et n'ayant nulle intention de le publier. »

Il faut se servir, pour cette étude, d'une lunette astronomique, car toutes les étoiles qui scintillent à l'œil nu ne sont pas également favorables à la réussite de cette expérience : l'étoile n'est qu'un flambeau qui éclaire la scène du phénomène.

Il faut donc, autant que possible, choisir une étoile de première grandeur et dont le point de culmination soit élevé, comme Aldebaran ou Arcturus; de plus, tous les grossissements ne sont pas indifférents. Lorsqu'on dépasse une certaine limite en plus ou en moins, l'image diffuse de l'astre se définit mal; il faut établir une certaine proportion entre le pouvoir éclairant de l'étoile, la grandeur de l'objectif, le grossissement de l'oculaire et le point de diffusion.

L'expérience étant bien conduite, l'image amplifiée et diffuse de l'étoile apparaît comme un miroir sur lequel vient se réfléchir l'état de l'atmosphère.

D'abord l'astre présente l'aspect d'une masse en ébullition, effet produit par la scintillation, et qui varie selon l'étoile, selon sa hauteur angulaire et selon l'état de l'atmosphère.

Ceci n'est que le plan, le fond du tableau.

Bientôt apparaissent des ombres plus ou moins sombres qui voltigent sur les bords en traversant le champ de l'image : ce sont les nuées à l'état vésiculaire, qui indiquent la direction et la vitesse du vent dans les régions supérieures et l'état de l'atmosphère, plus ou moins chargée d'humidité.

Enfin, de temps en temps, un point noir traverse rapidement le champ de l'image : je suppose que ce sont des gouttes de pluie qui se résolvent avant de tomber sur le sol.

Les premières fois que j'observai ce dernier phénomène,

je pensais qu'il devait être produit par la fatigue de l'œil, ou par quelques grains de poussière passant près de l'objectif; la persistance du même fait, dans des circonstances données, me fit abandonner cette explication.

L'absence de ces phénomènes ou leur peu d'intensité indique la pureté de l'atmosphère; mais, lorsque les ombres, de plus en plus obscures, se succèdent incessamment, se mêlent, se heurtent et offrent l'image du chaos, on peut avoir la presque certitude d'un ouragan imminent, car il existe déjà dans les régions supérieures.

De son côté, M. Poey résume ainsi des observations analogues.

« 1° Sur le disque dilaté de l'étoile, on aperçoit, au premier abord, des illuminations diffuses, des vibrations ou des ondes plus ou moins brillantes, obscures ou colorées, qui paraissent se propager dans toutes les directions.

« 2° Avec plus d'attention, on voit ces ondes traverser en ondulant le disque de l'étoile dans une direction constante, et plus agitées vers le bord qu'elles quittent que vers celui par lequel elles font leur entrée.

« 3° Ces ondes accusent les courants d'air qui soufflent à cet instant dans les hautes régions de l'atmosphère.

« 4° Dans l'intervalle de quelques minutes, d'heures ou de jours, ces ondes passent du cadran nord-est au sud-est, reviennent sur leurs pas, ou s'étendent vers le sud et l'ouest pour retourner, par l'ouest et le nord, à leur point de départ, ou encore tourbillonnent du nord au sud, passant parl' est ou par l'ouest.

« Maintenant les pronostics à tirer de ce qui se passe dans les hautes régions sont les mêmes que ceux que l'on obtient des vents de la surface de la terre en rapport avec le baromètre, à savoir : toutes les ondes qui font leur entrée sur le disque de l'étoile par le nord-est indiquent des courants de cette direction, et par conséquent un temps sec et beau; lorsqu'elles entrent par le sud-est, le temps sera moins beau, et il tournera à la pluie lorsque leur entrée sera vers le sud-ouest.

« En un mot, l'examen du disque dilaté de l'étoile accuse, par les ondes qui le traversent, la rose des vents régnant dans les régions les plus élevées de l'atmosphère, et par conséquent la rose barométrique, thermométrique et hygrométrique, le beau et le mauvais temps, non-seulement à cette hauteur, mais encore à la surface de la terre, vingt-quatre à quarante-huit heures plus tard, et avant d'avoir été prédit par le baromètre. »

CHAPITRE NEUVIÈME.

PETIT COURS DE BOTANIQUE.

Cependant le temps s'écoulait rapidement pour les deux amis. Paul voyait avec inquiétude approcher le moment où Adolphe serait forcé de le quitter pour retourner à Paris.

Un matin qu'il lui en disait son chagrin et qu'il dépeignait à son ami la profonde solitude dans laquelle le laisserait le départ de celui qui vivifiait ainsi son existence triste et vide, quand un travail pénible ne la remplissait pas, Adolphe lui répondit :

— Pourquoi ne remplis-tu pas ce vide par des études attrayantes ? Pourquoi, par exemple, ne consacres-tu pas à la botanique les courts loisirs que te laissent les devoirs de ta profession ? L'étude des végétaux est un livre divin, immense, inépuisable, qui raconte les merveilles ineffables de Dieu et de la nature, et dont on peut feuilleter à chaque instant les pages innombrables et infinies.

— Mais, pour y arriver, il faudrait faire des travaux abstraits, longs, laborieux, hérissés de difficultés !

— Ces difficultés paraissent plus redoutables qu'elles ne le sont réellement, surtout quand on étudie la botanique comme elle doit être étudiée.

Il y a deux manières d'aborder la botanique : la première, — et ce n'est pas celle-là que je te conseillerai, — consiste uniquement à considérer les végétaux dans leurs conformations, leurs caractères, leurs embranchements leurs familles, leurs genres et leurs espèces, afin d'en former des catégories régulières.

Or, classifier les productions de la nature, ou du moins pousser cette classification au delà d'une méthode simple et de certaines bornes, m'a toujours paru insensé. C'est faire du désordre avec de l'ordre, pour parodier un mot célèbre ; c'est substituer la confusion, la fatigue et le dégoût à la clarté, et remplacer par des remaniements perpétuels et confus une méthode utile et saine.

Un botaniste sérieux, tout en tenant compte de la classification comme d'un guide, doit, selon moi, préférer l'étude des végétaux dans les développements et les mystères de leur naissance, de leur reproduction, de leurs amours, de leur vie, de leur mort, de leurs propriétés et de leurs instincts.

— Je crois que tu as raison, mais il faut toujours connaître les lois générales de la classification.

— Il me reste encore quelques jours à passer près de toi ; ils suffiront, je l'espère, et au delà, pour me permettre de t'apprendre de cette méthode autant qu'il t'en sera nécessaire.

— J'y consens de grand cœur.

— Pose-moi des questions quand tu ne me comprendras point nettement. Jamais moment ne fut plus favorable pour commencer cette initiation. Le ciel est pur, l'air est calme, et les végétaux foisonnent à nos pieds ; ils nous protégent de leur ombre, et forment autour de nous d'admirables paysages !

— Je t'écoute, mon cher professeur.

— Prends une des plantes qui nous entourent; par exemple ce géranium qui croît sans culture au pied de ta maison, ou cette giroflée sauvage qui s'épanouit sur la crête de ton mur. Choisis-la bien complète, avec ses feuilles, ses fleurs et ses racines.

— Voici le géranium et la giroflée sauvage.

Giroflée sauvage.

— Du premier coup d'œil, tu peux distinguer deux formes bien tranchées, la forme ronde et la forme plate.

Si tu examines d'abord les parties à formes rondes qui composent le corps de la plante, tu y distingueras aisément deux portions différentes.

La supérieure, qui porte les feuilles et les fleurs, est verte, et se ramifie de bas en haut, en s'amincissant à mesure qu'elle s'élève.

La portion inférieure, dépourvue de feuilles et de fleurs, est souterraine, décolorée, et se ramifie de haut en bas en s'amincissant à mesure qu'elle s'enfonce en terre.

Il en résulte deux corps ramifiés, joints ensemble par leur portion la plus élargie, et se développant en sens inverse.

Ces deux corps, dont le supérieur tend toujours à monter, et l'inférieur toujours à descendre, constituent ce que l'on nomme *l'axe végétal.*

La portion supérieure ou ascendante forme la *tige*, et la portion inférieure ou descendante est la *racine.*

Le point où les deux portions de l'axe végétal se joignent se nomme le *collet.*

De l'axe descendant ou partie souterraine de la plante, de la racine en un mot, partent de longues fibres qui se divisent en fibres secondaires, menues comme des cheveux.

Par l'extrémité de ces fibrilles, la racine absorbe dans le sein de la terre les substances qui doivent servir à la nutrition et à l'accroissement du végétal. Je t'expliquerai plus tard avec détail les phénomènes de la nutrition des végétaux et bien d'autres merveilles qui, j'en suis sûr, exciteront vivement ton intérêt.

Ne crois pas au moins que la botanique consiste uniquement dans la description aride des diverses parties d'une plante; ce serait, je l'avoue, une science froide et rebutante, une simple question de mémoire. Grâce à Dieu, il n'en est pas ainsi. La vraie science botanique est l'observation philosophique des merveilleux moyens employés par le Créateur pour que chaque plante, la plus humble comme la mieux organisée, puisse accomplir sa destinée, c'est-à-dire atteindre son entier développement et se reproduire. De même que, dans l'étude d'une langue il faut, avant de pouvoir lire les chefs-d'œuvre de sa littérature, en étudier la grammaire et le dictionnaire, de même il faut, pour bien voir et bien comprendre les fonctions admirables exécutées par les organes de la plante, connaître la structure de ces organes, c'est-à-dire *l'anatomie végétale*, qui est la grammaire de la science botanique.

— Continue, mon cher ami, et ne crains pas de me fatiguer; cette partie de la botanique, que tu dis si aride, m'intéresse au contraire beaucoup.

— Je continue donc l'examen général de la plante.

La partie supérieure de *l'axe végétal*, ou la *tige*, se divise en *rameaux* et *ramuscules* dont l'extrémité s'épanouit en lame verte ou *feuille*, ou bien porte les *fleurs*. A l'aide de ton couteau, si tu fends longitudinalement l'axe végétal, tu verras qu'il se compose de fibres blanches réunies en faisceau, entre lesquelles se trouve répandue une matière molle et comme spongieuse.

Cette matière molle répandue entre les fibres se nomme *parenchyme*, c'est-à-dire *épanchement*. Tout à l'heure je reviendrai sur l'histoire de ces deux organes, qui constituent l'élément de toute substance végétale.

En fendant l'un des rameaux qui se dilate en feuilles à son extrémité, tu pourras suivre le faisceau de fibres qui, à l'entrée de la lame plate, se divise en faisceaux secondaires pour former les nervures de la feuille.

Le *parenchyme* s'étend entre ces nervures, avec beaucoup plus d'abondance que dans toute autre partie de la plante.

La portion du rameau qui porte la feuille se nomme

pétiole; la partie dilatée en lame prend le nom de *limbe*

Dans les rameaux comme dans les feuilles, une peau fine que l'on nomme *épiderme* recouvre le parenchyme, et enveloppe toute la plante, de même que la peau des animaux recouvre tout leur corps.

Les *racines*, les *tiges*, les *feuilles*, sont nécessaires à l'existence individuelle du végétal et au développement de ses parties; mais les fleurs jouent un rôle bien autrement important, puisque par elles se conserve l'espèce ou se propagent les individus.

Je te le répète, les fleurs sont à la fois les organes les plus brillants et les plus utiles des plantes. Elles renferment les germes de reproduction, et de plus elles fournissent à la botanique les caractères au moyen desquels on peut classer les végétaux. La fleur mérite donc une attention toute particulière.

Tu le remarqueras d'abord, le rameau qui la porte ne s'épanouit pas en une seule lame plate, comme ceux qui donnent naissance aux feuilles.

Il se renfle à son extrémité pour former un petit support ou piédestal sur lequel s'attachent des pièces nombreuses et délicates.

Ce rameau porte-fleur se nomme *pédoncule*, comme celui de la feuille se nomme *pétiole*.

Le support qui le termine prend le nom de *réceptacle*.

Choisis maintenant sur cette tige de giroflée un bouton près de s'épanouir, et, à l'aide de ton canif ou d'une aiguille, effeuille ce bouton et regarde ce qu'il contient.

Tu vois d'abord une première enveloppe formée de quatre feuilles d'un vert brunâtre; c'est le *calice*. (*fig.* 2).

Arrache ces quatre feuilles, tu trouveras dessous une seconde enveloppe, également composée de quatre feuilles d'un beau jaune.

Ces feuilles se recouvrent dans le bouton, mais tu peux voir que, dans les fleurs épanouies, elles s'étalent et figurent par leur ensemble une croix à quatre branches arrondies, ce qui a fait donner à toutes les plantes de cette famille le nom de *crucifères*.

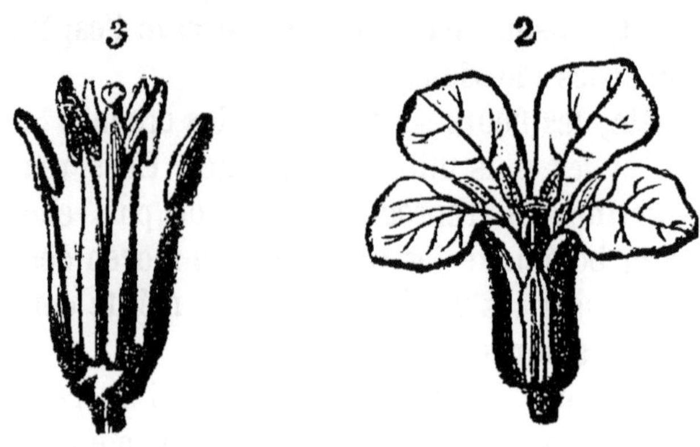

Ces feuilles tiennent peu solidement, et le moindre effort suffit pour les détacher du réceptacle.

Elles constituent l'enveloppe intérieure, ou *corolle.*

En dedans de cette seconde enveloppe se montrent six menues baguettes (*fig.* 3), portant chacune à son sommet un petit sac en forme de fer de flèche fixé par sa base.

Enfin, si tu arraches ces baguettes, tu trouves au milieu un organe central, petite colonne droite, un peu aplatie sur les côtés et légèrement échancrée à son sommet de manière à figurer une sorte de bouche béante

Cette colonne centrale s'appelle *pistil.*

Prends maintenant une fleur bien épanouie et examines-en les petites baguettes, ou *étamines.*

Tu y distingueras d'abord une tige allongée, ou *filet,* puis, à l'extrémité, le petit sac en forme de fer de flèche.

C'est *l'anthère,* qui contient une poussière jaune très-fine nommée *pollen.*

Tu peux voir que plusieurs de ces sacs sont crevés et ont perdu leur poussière, et, si tu observes le sommet de la colonne centrale, ou pistil, en forme de bouche, tu constateras qu'il est mou, spongieux, et couvert des grains de la poussière jaune des sacs vides.

Choisis sur le milieu de la tige l'une des plus grosses de ces colonnes, ou pistils, qui seuls sont restés de toutes les parties de la fleur fixées au réceptacle.

Sur chaque côté de la colonne (*fig.*4), règne une côte longitudinale bordée d'un sillon; fais-y pénétrer la pointe de ton canif et ouvre-le dans toutes sa longueur de bas en haut, tu soulèveras une plaque; en faisant la même opération de l'autre côté, il restera au milieu des deux plaques une lame, ou cloison mince et aplatie, bordée dans sa longueur par deux ourlets qui portent attachées par de petits cordons de nombreuses graines arrondies et aplaties de couleur brune (*fig.* 5). Ce pistil-mur constitue le *fruit* de la giroflée.

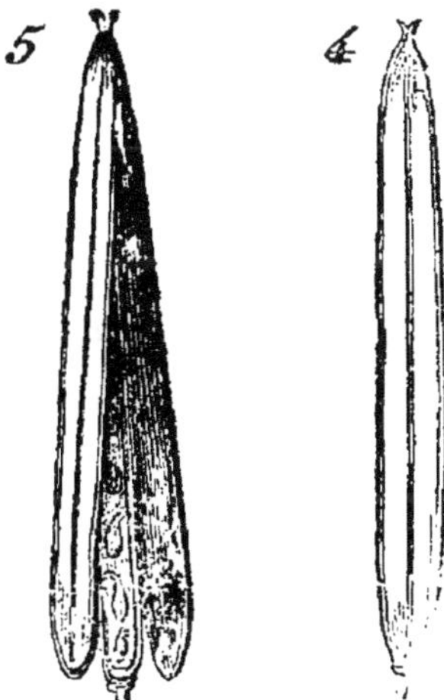

La double enveloppe extérieure, c'est-à-dire le calice,

est la corolle, que l'on appelle vulgairement, et à tort, la *fleur*.

— Permets qu'ici je t'arrête. Quoi! ces jolies corolles, comme tu les appelles, qui charment nos regards par l'éclat de leurs couleurs, et qui souvent flattent notre odorat par leurs parfums, ne sont pas des fleurs?

— Non, ces enveloppes ne sont pas la *fleur*, mais bien le berceau de la fleur.

Organes accessoires, d'une importance secondaire, ils manquent complétement dans beaucoup de plantes, et on ne les rencontre ni chez le houblon, ni chez le chanvre, ni chez le saule, dont les fleurs ne possèdent point de calice ni de corolle.

Cependant, bien que la fleur puisse exister parfois sans ces enveloppes, celles-ci sont loin d'être inutiles; car, non-seulement elles servent à abriter les parties essentielles et plus délicates qui constituent réellement la *fleur*, c'est-à-dire les *étamines* et le *pistil*, mais elles ont encore une autre destination, dont je t'entretiendrai en te parlant de la reproduction des plantes.

La *fleur*, pour le botaniste, est donc seulement composée des *étamines*, ou organes mâles, et des *pistils*, ou organes femelles. Je me sers à dessein dès à présent de ces expressions, bien qu'il te faille encore analyser une ou deux fleurs avant de les bien comprendre.

Prends donc sur ton géranium (*fig.* 6), un bouton près d'éclore, et effeuille-le comme tu l'as fait pour ta fleur de giroflée. Voici d'abord l'enveloppe extérieure, composée de cinq feuilles rougeâtres couvertes d'un duvet blanc; ces feuilles, qui constituent le calice, portent le nom de *sépales*.

En les enlevant, tu découvres la seconde enveloppe, ou corolle, formée par cinq feuilles d'un beau rose vif.

Géranium.—Bec de grue.

Ces feuilles de la corolle portent le nom de *pétales;* à l'abri, derrière cette seconde enveloppe, se tiennent les baguettes, ou *étamines*, au nombre de dix, et d'inégale grandeur.

De plus, les petits sacs ou *anthères* qui renferment la poussière fécondante ou pollen, au lieu, comme dans la giroflée, d'être en forme de fer de flèche et fixés par leur base au bout du filet, sont arrondis et fixés au filet par le milieu du dos.

Puis, au centre du bouquet *d'étamines*, s'élève la colonne centrale, ou *pistil.*

J'appellerai sur ce pistil toute ton attention.

Cet organe est trop jeune dans le bouton que tu viens d'effeuiller pour que tu puisses étudier convenablement sa conformation; mais choisis sur le bas de la tige une des fleurs fanées où le pistil reste seul et se développe en un long cône dont la forme rappelle un peu celle d'un bec d'oiseau, d'où provient, soit dit en passant, le nom de *géranium*, qui signifie en grec *bec de grue*. (*fig*. 7.)

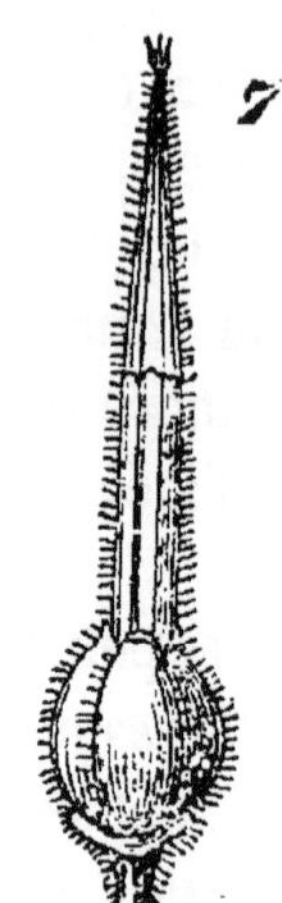

Un peu d'attention te fera voir trois portions bien distinctes dans ce pistil.

D'abord, une partie inférieure renflée, et offrant cinq côtes arrondies.

Puis, un long prolongement conique formant le bec d'oiseau, et divisé dans toute sa longueur par cinq cannelures.

Enfin, au sommet de ce prolongement, cinq petits rameaux roses.

Ces rameaux, à présent écartés les uns des autres, de manière à ressembler à une gerbe élégante, constituent un seul faisceau dans la fleur en bouton.

Remarque aussi que chacune des faces du prolongement conique correspond en bas à l'une des cinq côtes arrondies du renflement, et en haut avec l'un des rameaux roses.

Soulève maintenant avec précaution le dessus de l'une des côtes du renflement, tu verras une petite loge qui contient deux graines ; chacune de ces côtes en renferme autant.

Ce renflement de la base est *l'ovaire*.

Le prolongement est le *style*.

Et les petites branches roses sont les *stigmates*.

La face interne de ces derniers est humide et spongieuse, comme celle de la petite bouche béante du *pistil* de la giroflée ; enfin, tu peux voir sur les fleurs épanouies du géranium des grains de pollen collés sur ces stigmates.

On trouve le pistil de la giroflée composé des mêmes parties que celui du géranium; seulement ces parties sont moins distinctes; l'ovaire qui renferme les graines forme presque à lui seul la totalité du pistil.

Le *style* est ce petit col resserré et très-court (*fig.* 5) qui sépare la petite bouche échancrée, ou *stigmate,* de *l'ovaire.*

Adolphe s'interrompit :

Ne vais-je par trop vite pour que tu me suives bien? demanda-t-il à son ami.

— Non, mon cher ami ; tout ce que tu me dis restera gravé sans peine dans ma mémoire.

— En ce cas, je passe à la graine. Mais à quoi rêves-tu donc?

— Je rêve à une légende qui se rattache singulièrement à l'amour que tu portes à la botanique, et que tu sais inspirer aux autres. Je la lisais l'autre jour dans un des rares livres qui composent ma bibliothèque.

— Quelle est donc cette légende?

— La voici, dit Paul en sortant de sa poche un petit volume.

« Il y avait, sur le haut d'un rocher, un château inexpugnable qu'habitait un baron qui désolait tout le pays à dix lieues à la ronde par ses exactions, ses pillages et ses meurtres.

« Une nuit, ce baron rêva que son heure suprême avait sonné et qu'il se trouvait en face de Dieu, à ce moment fatal où, comme le dit l'Eglise dans son terrible chant du

Dies iræ, le juste se sent à peine rassuré : *Cum vix justus sit securus.*

« L'ange Raphaël tenait une balance d'or ; Satan accumulait, dans le plateau de gauche, tous les péchés mortels du baron, représentés par les démons qui les avaient inspirés. On en comptait sept, qui tournoyaient en se tenant par la main autour d'un groupe de dix autres ; enfin, six se cramponnaient à l'extrémité du fléau, et s'efforçaient de le faire baisser de leur côté.

« Les premiers disaient :

« Orgueilleux ! avare ! luxurieux ! envieux ! glouton ! colère ! lâche ! »

« Les seconds hurlaient :

« Impie ! blasphémateur ! brûleur d'églises ! mauvais fils ! homicide ! menteur ! luxurieux ! adultère ! »

« Les troisièmes glapissaient avec un rire triomphant :

« Les dimanches il se battait et pillait ! Jamais il n'a mis le pied dans une église ! Jamais il ne s'est approché du tribunal de la pénitence ! Il a profané les vases sacrés ! Au lieu de jeûner, il se gorgeait de viandes, même le vendredi saint ! »

« Sur le plateau de droite, on ne voyait qu'un tout petit ange. Seul, il contre-balançait le poids de la gigantesque et hideuse horde de l'esprit du mal.

« Qui donc es-tu, doux protecteur qui me sauves de l'éternité de l'enfer ? demanda le baron. Avant que je descende au purgatoire, dis-moi ton nom, car, hélas ! dans ma triste et coupable vie, je ne me rappelle point avoir fait une seule bonne action.

« — La veille de ta mort, répondit l'ange, tu as trouvé au milieu de ton jardin une fleur à demi desséchée par l'ardeur du soleil. Elle gisait flétrie à terre; tu l'as relevée de tes mains; tu l'as étayée à l'aide d'une baguette que tu as taillée avec ton poignard; enfin, pour l'arroser, tu as puisé dans ton casque de l'eau à la fontaine voisine. Voilà ce qui te sauve de la damnation! »

« La légende ajoute que le baron s'éveilla en sursaut, et que, attendri et touché de l'immensité de la miséricorde divine, il se convertit, distribua son bien aux pauvres, fit de son château un couvent, prit le froc et mourut en odeur de sainteté.

« Il doit se tenir dans le paradis à côté de saint Fiacre, patron des jardiniers (1). »

---

(1) *Fantaisies scientifiques de Sam*, par S. Henry BERTHOUD, quatre volumes format anglais. Paris, Garnier frères, 6, rue des Saints-Pères.

CHAPITRE DIXIÈME.

LA GRAINE.

— Il n'est point tard, dit Adolphe en interrogeant sa montre, et, si tu ne te sens point fatigué, nous aborderons l'histoire de la graine.

— Continue, je t'en prie, mon cher ami, tu me prépares de bien bonnes distractions pour charmer ma solitude quand tu ne seras plus là.

— Si tu recueilles quelques grains de pollen, soit sur la giroflée, soit sur le géranium, et que tu les jettes dans un verre d'eau, tu remarqueras, à l'aide d'une loupe, un phénomène très-singulier.

Aussitôt que les grains de pollen toucheront l'eau, ils se crèveront et lanceront comme un jet de vapeur.

Ces grains ne sont en effet autre chose que de petites vessies remplies d'une liqueur fécondante. Or voici ce qui arrive :

A une certaine époque de la vie de la plante, c'est-à-dire peu de temps après que sa fleur est éclose, l'*anthère*, ou organe mâle, s'ouvre et laisse échapper son *pollen*, qui tombe sur le *stigmate*, ou organe femelle. Comme tu l'as vu, le stigmate est toujours humide au moment de la fécondation. Le pollen crève donc ses vésicules aussitôt qu'il touche au stigmate, et sa liqueur s'introduit dans le *pistil* par les canaux déliés du *style*, et s'insinue jusque sur les embryons de graines contenus dans l'*ovaire*; elle les imprègne, les anime, et la fécondation est accomplie.

La fécondation des plantes, révoquée en doute pendant si longtemps, est aujourd'hui un fait acquis à la science, et établi sur des preuves nombreuses et irréfutables.

Si l'on coupe les étamines d'une jeune fleur, les ovules renfermés dans l'ovaire sont stériles. Tu sais que, si les pluies sont abondantes à l'époque de la floraison de la vigne, les cultivateurs disent que la *vigne coule*; eh bien! ce coulage arrive parce que les pistils avortent, et ils avortent parce que la pluie a entraîné le pollen et empêché la fécondation.

En transportant le pollen de certaines fleurs sur le pistil d'espèces voisines, les horticulteurs obtiennent souvent de très-belles variétés qui participent des deux espèces; on donne à ces races croisées le nom d'*hybrides*.

Le dattier, qui produit un fruit très-nourissant, dont les Orientaux, en certaines contrées, font leur principale nourriture, est un arbre *dioïque*, c'est-à-dire que les fleurs males et les fleurs femelles sont portées sur des pieds différents. Eh bien! depuis un temps immémorial, les Arabes vont secouer les grappes de fleurs à étamines sur les fleurs pistillées, qui seules donnent les fruits, et la fécondation s'opère toujours. Quand ces peuples se font la guerre, ils détruisent les dattiers à étamines sur le territoire ennemi, afin de rendre stériles les dattiers à pistils et d'affamer ainsi les habitants.

Au moment de la fécondation, il semble que la plante ait conscience de l'importance du fait qui va s'accomplir;

la fleur prend un aspect plus brillant et plus animé; la corolle étale la délicatesse de ses formes et la beauté de ses couleurs, et distille ses parfums les plus suaves.

Plusieurs plantes, telles que les arums ou gouets, développent même à ce moment une chaleur bien au-dessus de celle de l'atmosphère. Dans la parnassie des marais, chaque étamine, à son tour, se rapproche du pistil, laisse épancher son pollen sur le stigmate, et se retire pour faire place à une autre. Dans l'épilobe à épi, les étamines restent immobiles, et c'est le pistil qui se courbe vers elles. La renoncule aquatique, dont les fleurs se tiennent fixées au fond de l'eau, trouverait dans ce liquide un obstacle à la perpétuation de son espèce, si Dieu n'y avait pourvu : une petite bulle d'air, élaborée par le végétal lui-même, enveloppe le pistil et les étamines, les protége de ses parois diaphanes, et permet ainsi à la plante de se féconder en paix et sans danger d'avortement.

— Mon Dieu! que tout cela est merveilleux!

— Cela te semble beau, n'est-ce pas? Mais qu'est-ce en comparaison de ce qu'il me reste à te raconter?

Procédons par ordre, et voyons ce que deviendra la graine imprégnée du *fluide pollinique.*

Tu as vu que, dans le pistil, ou fruit de la giroflée, les graines, ou semences, tiennent, à l'aide de petits cordons, aux ourlets de la cloison centrale.

Les graines reçoivent par ces ourlets et par ces cordons les sucs nécessaires à leur accroissement.

Quand elles parviennent à un degré suffisant de maturité, l'écartement des lames s'exécute naturellement.

Les deux lames extérieures se détachent, choient, et laissent à nu la cloison centrale tapissée par les graines, qui bientôt tombent elles-mêmes, et développent en terre une plante semblable à celle qui leur a donné naissance.

Dans le géranium, la *déhiscence*, c'est ainsi qu'on nomme l'ouverture spontanée du fruit à sa maturité, dans le geranium, dis-je, la déhiscence se passe à peu près comme dans la giroflée. Tu peux provoquer artificiellement ce phénomène.

Choisis un pistil bien mûr et pinces-en le bec entre deux doigts; tu rompras ainsi les adhérences, et, dès que tu écarteras les doigts, le dessus des cinq côtes ou *carpelles* (du grec *carpos*, fruit), se détachera, entraîné par les faces du *style*, ou prolongement en bec d'oiseau. Ils se séparent et s'écartent subitement avec élasticité, comme des ressorts qui se détendent; on les voit s'enrouler sur eux-mêmes en spirale, emportant avec eux la graine logée dans leur cavité (*fig.* 8)

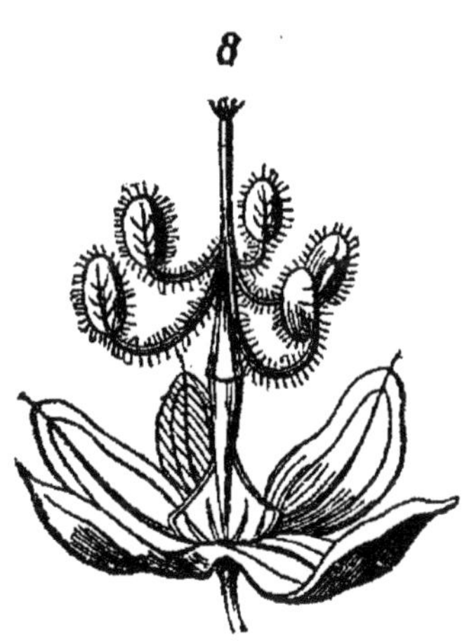
8

Le pistil représente alors une espèce de girandole, ou candélabre à cinq branches, d'un aspect tout à fait singulier.

— C'est fort curieux, en effet, mais il y a une chose qui me paraît plus singulière encore : lorsque tu m'as fait analyser la fleur du géranium, j'ai parfaitement vu dans chaque loge de l'*ovaire* deux graines; comment donc se fait il que je n'en voie plus qu'une suspendue aux branches relevées du *pistil*?

— Tu as parfaitement raison; il y avait bien en effet

deux graines dans le jeune ovaire, mais regarde au fond des logettes libres de l'ovaire, ne distingues-tu pas dans l'angle interne de chacune d'elles un petit corps jaune aplati? Voilà tout ce qu'il reste de la seconde graine. Elle a péri affamée et étouffée par sa sœur. Celle-ci, se trouvant dans des conditions plus favorables à sa nutrition, a détourné à son profit les sucs destinés à sa jumelle. Grâce à cette abondante nourriture, elle a pris une force et un embonpoint qui lui ont permis d'envahir toute la cellule; la graine, affamée, s'est trouvée refoulée dans un coin, où elle n'a pas tardé à périr. Ces sortes d'avortement ont fréquemment lieu dans les plantes.

— Caïn et Abel! L'histoire de l'homme est donc aussi celle des végétaux?

— Ne va pas t'égarer dans des utopies philosophiques; voyons plutôt la nature de la graine et ce qu'elle devient.

Prends dans ton jardin une gousse de pois dont le volume te permette de distinguer suffisamment les détails organiques.

— Je n'irai pas bien loin pour la cueillir, la voici à nos pieds.

— Ici, regarde, comme dans la giroflée, l'*ovaire* forme la presque totalité du *pistil* de la fleur du pois; cet *ovaire* aplati se termine par un *style* court, légèrement recourbé, et offre vers son sommet une petite surface glanduleuse d'un jaune foncé.

Cette surface jaune est le *stigmate*.

Ouvre l'*ovaire* en glissant la lame de ton canif le long des sutures, il se partagera en deux plaques, ou valves concaves, au bord extérieur de chacune desquelles pendent, attachées par des petits cordons, ou *funicules* (de *funis* corde), les graines ou pois (*fig.* 13).

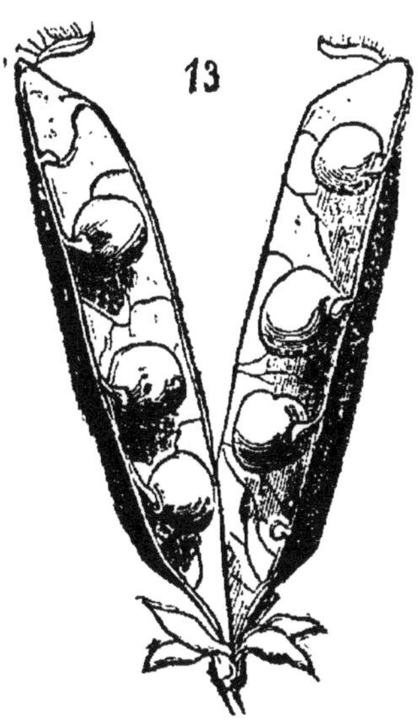

Ces bords, le long desquels sont fixées les semences, se renflent en bourrelet et forment le *placentaire.*

Le placentaire transmet aux graines les sucs nutritifs.

Dans le *pistil* de la giroflée (*fig.* 5), les deux plaques qui se détachent à la maturité ne portent pas graines, mais recouvrent seulement la cloison centrale qui leur donne attache, et qui est le *placentaire.* Les fruits conformés comme celui du pois portent le nom de *gousse*; ceux qui ressemblent au pistil de la giroflée sont nommés *silique.*

Voici une graine de pois bien formée, détachons-la de son cordon; un peu au-dessus de la cicatrice que laisse le cordon existe un petit trou d'un vert foncé (*fig.* 14, *m*); par cet orifice, le pollen parvient à la graine pour la féconder.

On lui donne le nom de *micropyle*, qui signifie *petite porte.*

La cicatrice indiquant la place qu'occupait le cordon sur la graine est ovale et fendue dans sa longueur par une étroite boutonnière (*h*).

Cette boutonnière est le *hile*, ou la bouche, au moyen

de laquelle la graine absorbe les sucs que lui transmet le *placentaire* par le cordon.

Au-dessous de la cicatrice ovale tu peux remarquer une nervure blanche qui aboutit à un petit mamelon d'un vert foncé ; puis, en remontant au-dessus de la cicatrice, nous retrouvons le petit trou (*m*), qui reçoit le *pollen*, et qui marque le sommet d'un triangle, dont la couleur blanchâtre tranche sur celle du reste de la graine. Maintenant fais sur ton pois, avec la pointe du canif, une incision circulaire et peu profonde et enlève la peau, elle se détachera facilement, et il te restera un corps sphérique et lisse.

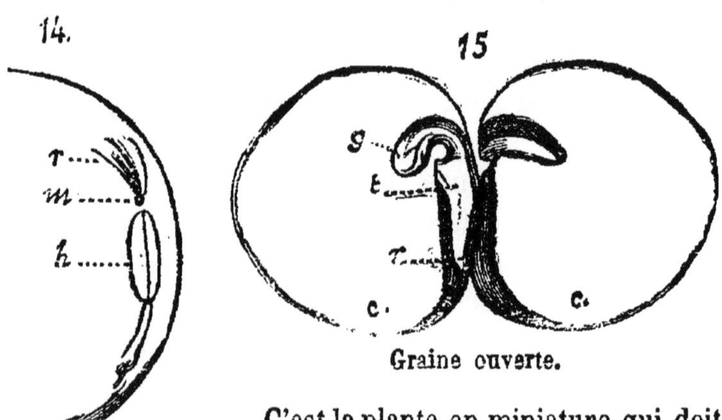

Graine ouverte.

C'est la plante en miniature qui doit reproduire un végétal semblable.

Ce corps est formé de deux pièces hémisphériques vertes, appliquées l'une contre l'autre par leur face aplatie ; séparons doucement les deux pièces, et nous aurons deux feuilles épaisses, charnues, entre lesquelles s'élève une petite crosse blanche (*fig.* 15 *g*) qui semble sortir de la base d'un cône aplati dont le sommet se dirige en bas (*r*) ; le sommet du petit cône est libre et transparent.

Cette partie, lorsque la plantule sera mise en terre, s'allongera, se dirigera vers le centre du globe et formera la racine de la plante ; aussi lui donne-t-on le nom de *radicule*.

Le haut du cône auquel s'attache la petite crosse porte les deux feuilles épaisses et se dirige en haut (*t*). En s'allongeant en l'air, il formera la *tige*; on le nomme en conséquence *tigelle* (*t*).

Quant aux deux hémisphères verts attachés à la base du cône, ce sont les deux premières feuilles de la petite plante ; on les appelle *feuilles séminales*, ou *cotylédons*.

Ces cotylédons, charnus et remplis de sucs, sont de véritables mamelles, et servent à l'alimentation de la plante.

Nous avons encore la petite crosse (*g*) qui tient à la *tigelle;* elle se compose, comme tu peux le voir, d'un paquet d'écailles blanches destinées à former les premières feuilles de la plante : on la nomme *gemmule*.

En même temps que la radicule s'enfonce en terre et que la tigelle s'élève vers le ciel, les écailles de la gemmule s'étalent, s'agrandissent, deviennent vertes, et commencent déjà à puiser dans l'atmosphère une partie des fluides qui doivent alimenter la jeune plante. Dès lors, la *germination*, ou développement de la graine, est terminée, et la seconde époque de la vie du végétal commence.

CHAPITRE ONZIÈME.

LA VÉGÉTATION.

Maintenant, continua Adolphe, que tu connais l'action vivifiante du *pollen* des *étamines*, ou organes mâles, sur l'organe central femelle, ou *pistil*, ainsi que le développement des embryons qu'il renferme, nous allons étudier plus en détail ces phénomènes merveilleux, d'où dépend la reproduction des végétaux.

Longtemps on a regardé comme une idée chimérique l'existence des sexes dans les plantes.

Le botaniste Tournefort lui-même refusait d'admettre la fécondation; ce fut après sa mort que Linné, auquel on a décerné à juste raison le titre de *Père de la botanique*, popularisa la doctrine de la fécondation (1735) et l'appuya de preuves incontestables.

Dans les plantes dont tu as analysé les fleurs, celles-ci sont complètes, c'est-à-dire que toutes elles présentent un calice, une corolle, des organes mâles, ou *étamines*, et des organes femelles, ou *pistils*.

Par conséquent elles se suffisent à elles-mêmes dans l'acte de la fécondation.

Il n'en est pas toujours ainsi : quelques fleurs n'ont point de pistil, et ne portent que des étamines, tandis que d'autres, au contraire, n'offrent que les pistils, et manquent d'étamines; c'est toujours dans ces dernières que par conséquent se forme le fruit.

Parfois les fleurs mâles et les fleurs femelles se réunissent sur le même pied : on dit alors que la plante est *monoïque* (du grec *monos*, seul, et *oikia*, demeure) : tels sont le chêne, le châtaignier et le coudrier.

D'autres fois, les fleurs mâles et les fleurs femelles sont portées sur des pieds différents ; la plante se classe parmi les *dioïques* (*dis*, deux, *oikia*, demeure) : le melon, le dattier, le pistachier, en sont des exemples.

Lychnis. — Behen blanc.

Tiens ! voici justement devant nous, sur le bord de l'allée, une jolie fleur qui t'offrira le type des plantes *dioïques*. C'est le lychnis, ou behen blanc (*fig*. 9), dont la fleur élégante se rencontre fort communément dans cette saison. Cueilles-en une fleur et analyse-la comme tu as fait des précédentes. Qu'y vois-tu?

— J'y distingue d'abord une enveloppe verte, en forme de tube renflé dans le bas et divisé dans le haut en cinq dents ; ce doit être le calice, bien qu'il ne ressemble pas à celui des fleurs précédentes.

— Et en quoi diffère-t-il, suivant toi?

— En ce que, dans la giroflée et le géranium, les feuilles du calice, ou *sépales*, comme tu les appelles, se tiennent séparées, tandis qu'ici le calice se forme d'une seule pièce.

— Très-bien! Voici encore deux noms grecs à retenir.

Le calice formé d'une seule pièce, ou d'un seul sépale, se nomme *monosépale* (*monos*, seul); le calice formé de plusieurs *sépales*, comme dans le géranium et la giroflée, se nomme *polysépale* (*polus*, plusieurs).

On applique les mêmes dénominations à la corolle, et on l'appelle *monopétale* ou *polypétale*, suivant qu'elle se compose d'une seule ou de plusieurs pièces.

Et maintenant continue ton analyse en arrachant le calice.

— Voilà qui est fait. L'enveloppe intérieure, ou la *co-*

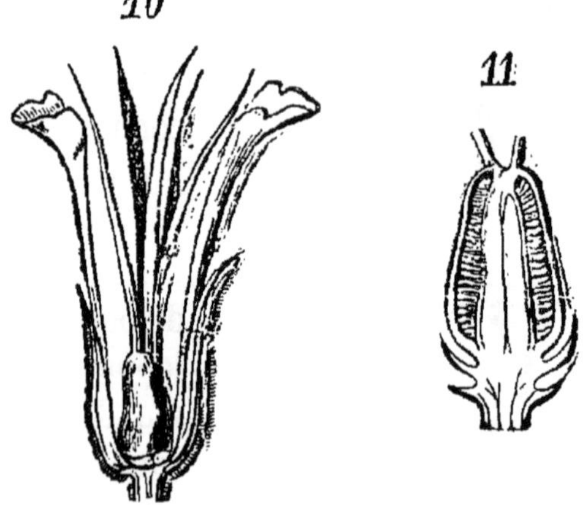

rolle, se compose de cinq feuilles blanches séparées les

unes des autres, et par conséquent elle est ***polypétale.*** Puis, en dedans de la corolle, je vois comme un beau panache composé de cinq branches d'un blanc verdâtre, qui part du sommet d'un petit corps vert foncé qui ressemble à une sorte de poire.

— Et ne devines-tu pas ce que c'est ?

— Ce panache me rappelle bien un peu les cinq branches du *pistil* du géranium, et le petit corps vert me semble être un *ovaire* (*fig.* 10).

— Ce panache, comme tu l'appelles, est en effet composé de cinq *styles*, portant à leur face intérieure de petites éminences grenues et visqueuses, qui sont les *stigmates.*

Le cylindre vert, en forme de poire, est précisément l'*ovaire*, ce dont tu peux t'assurer facilement en le coupant, soit verticalement, soit horizontalement.

Dans le premier cas, les styles communiquent avec les *placentaires*, ou cloisons des loges, auxquels tiennent, par un petit cordon court, les jeunes graines, ou *ovules* (*fig.* 11).

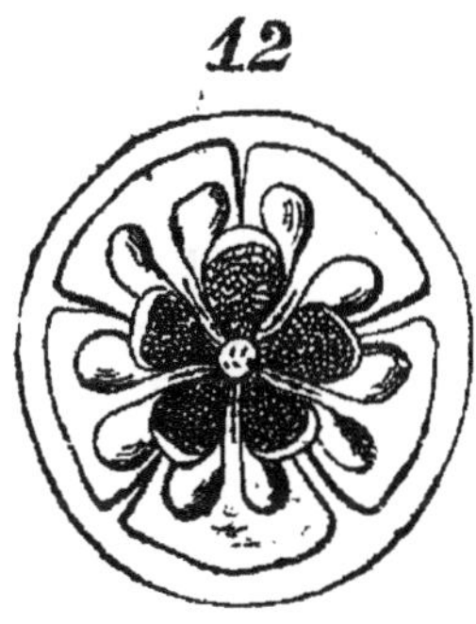

La coupe horizontale (*fig.* 12) te montrera cinq cloisons, figurant les rayons d'une roue, mais n'atteignant pas l'enveloppe extérieure de l'*ovaire ;* enfin, à l'extrémité de chacun de ces rayons, qui sont les *placentaires*, voici deux graines fixées par un cordon très-court. Mais où sont les *étamines ?*

— Je n'en vois nulle trace.

— Voilà donc une fleur exclusivement femelle.

Prends maintenant une fleur sur ce pied de lychnis qui croît à quelques mètres de distance du premier. Y remarques-tu tout d'abord quelque différence?

—Non... Ah! si fait, attends: le calice me semble un peu moins ventru, et beaucoup plus tendre sous les doigts; on dirait qu'il est vide.

— En effet. Eh bien! analyse cette fleur. Le *calice* enlevé, il reste à nu, comme dans la fleur femelle, cinq pétales blancs; on ne voit en dedans de la *corolle* ni le panache à cinq branches ni le cylindre vert d'où il s'élevait. Arrachons ces pétales avec précaution, nous trouverons en dedans dix étamines, dont cinq sont plus petites que les autres, et qui toutes se dressent sur le *réceptacle* ou piédestal, formé par l'épanouissement du rameau qui porte la fleur.

De pistil, nulle trace, si ce n'est un petit filament court qui indique la place de l'organe avorté.

Voilà donc une fleur exclusivement mâle.

Il faut par conséquent que le pollen renfermé dans les *anthères* de cette fleur mâle puisse, d'une façon ou d'une autre, se porter sur les stigmates du *pistil* de la fleur femelle pour que se fécondent les graines ou ovules que contient l'*ovaire* de cette dernière.

Sans cela elles se flétriront et mourront sans reproduire une plante semblable à celle qui leur a donné naissance. Mais comment ce but sera-t-il atteint; le devines-tu?

— Je comprends parfaitement la fécondation dans les plantes à fleurs complètes; je la comprends encore dans celles où les sexes, quoique sur des fleurs différentes, se trouvent sur un même pied, et que tu nommes, je crois, *monoïques* : le *pollen* peut tomber des fleurs mâles sur les fleurs femelles. Mais la fécondation des végétaux à sexes séparés sur des pieds différents ne me paraît pas claire, je l'avoue. A moins que le vent.....

— Oui, le vent est en effet l'un des principaux messagers chargés de la transmission du pollen. Les poëtes de l'antiquité, comme le remarque l'ingénieux Bonnet, en inventant l'allégorie de Flore et de Zéphire ne se doutaient pas qu'ils fussent si près de la vérité.

A l'époque où Bernard de Jussieu dirigeait le Jardin des plantes à Paris, on y cultivait deux pieds femelles de pistachier ; chaque année, ces arbres donnaient de fort jolies fleurs, mais ne fournissaient aucun fruit : tout à coup ils vinrent à en produire.

On présuma d'abord qu'il existait dans Paris ou aux environs un pied de pistachier portant des fleurs à étamines. Bernard de Jussieu prescrivit aussitôt les recherches les plus actives, et il apprit bientôt qu'à la pépinière des Chartreux, près du Luxembourg, un pied de pistachier, à fleurs mâles, fleurissait pour la première fois.

Le pollen avait donc passé par-dessus les édifices d'une partie de Paris pour venir s'abattre sur les fleurs pistillées du Jardin des plantes, et les féconder.

— Crois-tu que le vent puisse porter si loin, sans les disséminer, et avec une telle sûreté de direction, cette poussière fécondante presque impalpable ?

— On en cite des exemples encore plus surprenants. Tel est le fait rapporté par le savant italien Jovianus Pontanus ; il raconte que, de son temps, on cultivait deux palmiers, l'un mâle, à Brindes, l'autre femelle, dans un bois, à Otrante, qui s'en trouve éloigné d'au moins quarante-huit kilomètres.

Ce palmier resta de longues années sans produire de fruits; mais enfin, sa tige s'éleva au-dessus des autres arbres, *il put voir son mâle de Brindes et produisit*, dit Jovianus Pontanus; ce qui signifie qu'il put recevoir le pollen apporté par le vent.

— C'est prodigieux!

— Si l'intervention du vent ne te satisfait pas complétement dans tous les cas, je vais te signaler d'autres messagers non moins fidèles et non moins sûrs.

Tu le sais, la plupart des fleurs renferment au fond de leur corolle une liqueur sucrée ou mielleuse, plus ou moins abondante; les enfants sucent avec plaisir la fleur de l'acacia, du lilas, du chèvrefeuille, de la primevère, et cent autres également délicieuses. Tu as remarqué aussi mille et mille fois les abeilles, les bourdons, les papillons et d'autres insectes s'arrêtant au-dessus des fleurs, se plongeant dans leurs corolles, et suçant avec avidité le suc savoureux que l'on nomme *nectar*. Ce liquide est sécrété par certaines parties glanduleuses du réceptacle ou support de la fleur, auxquelles on donne le nom de *nectaires*.

C'est précisément vers l'époque de la fécondation que cette liqueur s'élabore au fond de la corolle; elle disparaît aussitôt après l'accomplissement du phénomène de la fécondation.

Cette coïncidence ne te dit-elle rien?

— Si fait.

— Tu l'as compris: les abeilles et les bourdons font

leur miel avec ce nectar qui attire également sur les fleurs les papillons et les autres insectes suceurs.

Toutefois, les fleurs ne donnent pas inutilement aux insectes leur trésor. Regarde les abeilles et les bourdons lorsqu'ils sortent repus de la liqueur des nectaires ; leur corps hérissé de poils se trouve chargé de la poussière jaune des anthères au milieu desquelles ils ont passé pour atteindre le fond de la corolle. Ils reprennent leur vol et vont butiner sur d'autres plantes ; en pénétrant au fond de nouvelles fleurs, ils déposent sur le stigmate mou et humide quelques grains de la poussière fécondante dont ils sont couverts.

Les insectes jouent ainsi un rôle au moins aussi important que celui du vent dans l'acte important de la fécondation des plantes.

— Cela m'explique comment tant de fleurs restent stériles dans les serres où ne pénètrent pas les insectes.

— Dans les forêts de l'Asie, on trouve une fleur gigantesque et à sexe unique qui se nomme *raflésia*. Elle appartient à un végétal parasite.

Or, le pollen de cette fleur qui vit toujours isolée, est de nature adhérente, visqueuse, et le vent ne peut, par conséquent, le transporter d'une raflésia à l'autre. Cette mission reste confiée aux seuls insectes, et pour les obliger à la remplir, la raflésia exhale une forte odeur de chair en décomposition. Tous les scarabées qui vivent de charogne accourent vers la fleur, pénètrent par centaines dans son calice charnu, s'éloignent, malgré eux, du pollen mielleux et s'envolent pour pénétrer dans quelque autre raflésia dont l'odeur leur fait espérer une nouvelle proie.

Plusieurs *silènes* et entre autres le *lychnis viscaria* sont de véritables piéges à insectes, ils cachent sous chaque paire de feuilles un anneau glanduleux qui sécrète une liqueur visqueuse. L'insecte qui l'effleure de son aile, s'y attache et meurt, en laissant sur ces plantes le pollen dont il est chargé.

En te parlant des usages de l'enveloppe extérieure des fleurs, je t'ai dit que non-seulement la corolle servait d'abri protecteur aux organes délicats de la reproduction, mais que cette corolle avait encore une autre destination. On en doit la découverte à un botaniste allemand, Conrad Sprengel; d'après lui, la *corolle* serait l'enseigne de l'hôtellerie qui invite les insectes voyageurs à prendre leurs repas. En effet, au moment où s'ouvrent les anthères, où le stygmate s'enduit d'une liqueur gluante, et que les nectaires distillent leur sirop, les corolles brillent d'un vif éclat et répandent des parfums.

Chaque espèce d'insecte préfère une espèce particulière de fleur, et, au moyen de la corolle, la reconnaît de loin, à l'aide de sa forme et de son parfum.

La nature a tout prévu, tout préparé pour assurer l'accomplissement d'un acte duquel dépend la perpétuité de l'espèce.

Dans un grand nombre de fleurs les étamines dépassent en longueur les pistils, et alors le pollen qui s'échappe de leurs anthères tombe tout naturellement sur le stigmate.

Dans beaucoup d'autres le pistil surmonte les étamines, et le pollen, lancé par les anthères, risquerait de tomber au fond de la corolle sans atteindre les stigmates; mais tu pourras remarquer que les fleurs qui présentent cette disposition se tiennent ordinairement renversées, de manière que le pollen surplombe encore la partie du pistil sur laquelle il doit se fixer.

Dans les plantes monoïques, telles que le noyer, les pins, le maïs, les fleurs mâles occupent l'extrémité des branches et les fleurs femelles s'ouvrent au-dessous. Chez la rue, les étamines, au nombre de huit à dix, s'étalent d'abord horizontalement ; peu après, elles se redressent l'une après l'autre contre le stigmate, s'ouvrent, lancent leur pollen, et reprennent la position première. Dans les cactus, les passiflores, la nigelle, les stigmates, d'abord rapprochés les uns contre les autres, s'écartent s'infléchissent vers les étamines, et reviennent à leur première attitude dès qu'ils ont reçu le pollen versé par ces dernières.

Rien n'est merveilleux comme les phénomènes qui accompagnent la fécondation de la vallisnérie *dioïque* ou à sexes séparés ; elle croît au sein des eaux dormantes du midi de la France. Les fleurs mâles, qui renferment deux étamines, naissent sur un pédoncule très-court, et se groupent autour d'un axe conique qu'enveloppe une gaîne membraneuse à laquelle on donne le nom de *spathe* (*fig.* 16).

La fleur femelle ou pistillée porte un ovaire surmonté de trois stigmates ; elle est également protégée par une spathe, et portée sur un long pédoncule roulé en spirale comme un élastique de bretelle (*fig.* 17).

De quelle façon la fécondation s'opérera-t-elle dans l'eau ? Elle ne peut ici avoir lieu ni par l'intervention du vent, ni par celle des insectes ; et l'eau n'est pas courante. Or, voici ce qui arrive :

A l'époque de la fleuraison, mais avant d'ouvrir sa corolle, la fleur femelle déroule son pédoncule et vient s'é-

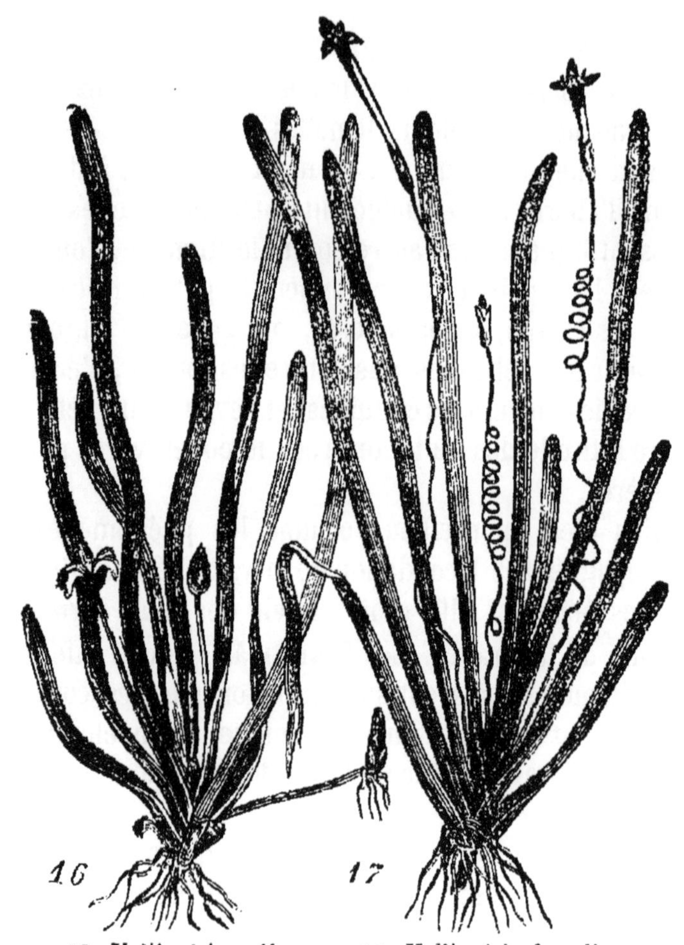

16. Vallisnérie mâle. 17. Vallisnérie femelle.

panouir à la surface de l'eau. Alors les fleurs mâles qui ne peuvent, vu la briéveté de leur pédoncule, s'allonger au niveau de la fleur pistillée, se détachent du réceptacle, ouvrent la spathe qui les enveloppe, montent à la surface et viennent voguer autour de la fleur femelle comme de petites nacelles. Heurtent-elles une fleur femelle, elles s'ouvrent, éclatent et lancent leur pollen.

Lorsqu'elles ont saupoudré de ce pollen les stigmates elles se flétrissent et se dispersent.

Après cette fécondation, la fleur femelle resserre sa spirale, et redescend au fond de l'eau pour y mûrir ses graines.

Si les organes délicats auxquels la nature a confié la mission de féconder les germes n'avaient été mis, surtout dans leur jeunesse, à l'abri sous des enveloppes protectrices, bien peu échapperaient à la destruction; les pluies, les brouillards, les variations de l'atmosphère seraient un obstacle perpétuel à la formation et à l'accroissement d'organes si déliés et si faibles.

Ces enveloppes ne s'ouvrent donc que si les parties qu'elles garantissent ont acquis assez de consistance pour n'avoir plus rien à craindre des agents extérieurs.

Les enveloppes florales ne sont pas absolument essentielles aux fleurs, puisque plusieurs en restent tout à fait privées, entre autres celles du frêne commun qui ne laissent pas malgré cela d'être fécondes; il n'existe toutefois qu'un très-petit nombre d'exceptions qui n'infirment nullement l'utilité et les fonctions de ces parties.

Le calice forme, comme tu sais, l'enveloppe la plus extérieure de la fleur; sa destination paraît être de soutenir la corolle et de doubler l'espèce de rempart que celle-ci forme autour des parties sexuelles.

Cet organe manque-t-il ainsi que cela arrive pour les tulipes et les narcisses, la corolle supplée en quelque sorte à l'absence du calice par une grande fermeté.

Le plus souvent la couleur du calice est verte; la forme de ce calice varie beaucoup.

On l'appelle *monosépale* lorsqu'il se compose d'une seule pièce ou que ses divisions ne s'étendent pas jusqu'à sa base, comme dans le lychnis que tu as analysé.

Entier quand il n'a ni dentelures, ni incisions.

Tridenté, *quatridenté*, *quinquidenté*, suivant qu'il offre trois, quatre ou cinq dents.

Polysépale lorsqu'il se compose de plusieurs pièces comme dans la giroflée et le géranium.

Quelquefois le calice est double, ainsi que dans la mauve et l'hybiscus.

La corolle est l'enveloppe immédiate des organes sexuels; partie la plus apparente de la fleur, elle en réunit aussi la plus riche de couleurs.

On considère dans la corolle sa *forme*, ses *divisions*, le *lieu de son insertion* et enfin sa couleur.

On dit la corolle :

Monopétale, lorsqu'une seule pièce la forme, ou que ses divisions, si elle en a, ne se prolongent pas jusqu'à sa base et qu'on peut l'enlever en entier; telle est celle du liseron, du convolvulus et de la campanule. (*fig.* 18 *et* 20);

Polypétale, toute corolle composée de plusieurs pièces que l'on peut détacher les unes après les autres sans déchirer la corolle; telle est celle de la giroflée, du géranium et du lychnis;

Régulière, lorsque ses divisions, semblables entre elles, présentent un ensemble symétrique, comme les fleurs citées plus haut;

Irrégulière, lorsque les pièces qui la composent diffè

rent les unes des autres et n'offrent qu'un ensemble irrégulier. La fleur du pois, celle du muflier et de la violette ont des corolles irrégulières (*fig.* 19 et 21).

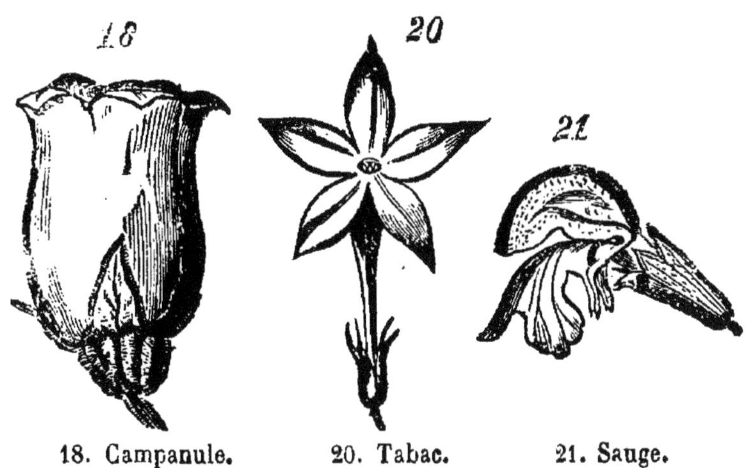

18. Campanule. 20. Tabac. 21. Sauge.

On donne en outre à la corolle une foule de noms suivant la forme qu'elle affecte; ainsi on l'appelle :

Campanulée, lorsqu'elle prend la forme d'une cloche comme celle de la campanule et du convolvulus (*fig.* 18);

Tubulée ou *infundibuliforme*, lorsqu'elle ressemble à un entonnoir, comme dans le tabac, la primevère et la belle de nuit (*fig.* 20);

Rotacée, lorsqu'elle ressemble à une roue, c'est-à-dire que, très-aplatie supérieurement, elle n'a point de tube bien sensible, comme dans la bourrache et le bouillon-blanc ;

Labiée ou en masque, lorsque son limbe forme deux lèvres, l'une supérieure et l'autre inférieure, comme dans la sauge et la mélisse (*fig.* 21);

Cruciforme, lorsqu'elle est composée de quatre pétales

en croix, comme celle de la giroflée, du choux, du navet (*fig*. 22);

Rosacée, lorsqu'elle se compose de plusieurs pétales égaux, disposés en rose; les fleurs du cerisier, du pêcher, du fraisier (*fig*. 23), nous en offrent des exemples;

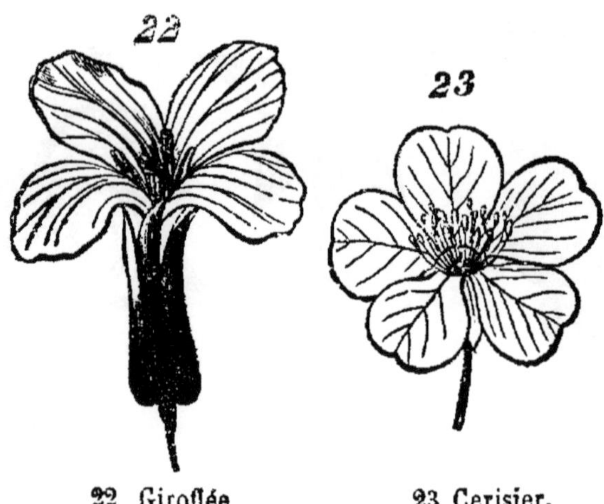

22 Giroflée   23 Cerisier.

Papillonacées, lorsque ses corolles polypétales irrégulières rappellent par la forme et la disposition de leurs pièces celles des ailes d'un papillon; tels sont le pois et le haricot (*fig*. 19).

19. Pois.

La corolle possède des couleurs extrêmement variées; on y retrouve toutes les nuances, à l'exception du noir foncé.

Certaines fleurs passent par degrés d'une nuance à l'autre; l'hortensia a ses fleurs d'abord vertes, puis d'une belle couleur rose et enfin d'un bleu plus ou moins foncé. Chez le glaïeul versicolore, la couleur, brune le matin, s'altère dans la journée, et devient bleu claire vers le soir.

La couleur de la corolle contribue au développement des organes sexuels; car suivant sa nuance elle réfléchit plus ou moins les rayons solaires. Les couleurs pâles, et surtout la blanche, sont les plus propres à réfléchir la chaleur; en général, la nature les donne aux fleurs qui éclosent dans les saisons et dans les lieux froids; témoins, les perce-neige, les muguets et les narcisses qui fleurissent aux premiers jours du printemps.

Au contraire, celles qui s'ouvrent dans des saisons et des lieux chauds possèdent des couleurs qui absorbent la chaleur, sans la réfléchir beaucoup, telles que le rouge, le pourpre, le bleu et le violet; tu peux vérifier ce fait chez les nielles, les coquelicots et les bluets.

Passons à la fleur proprement dite, composée des étamines et des pistils.

Comme tu le sais déjà, l'étamine se compose de trois parties, qui sont : le *filet*, l'*anthère* et le *pollen*.

Le filet n'est point une partie indispensable de l'étamine; il manque souvent tout à fait. Quand il existe, il sert de support ou de pédoncule à l'anthère.

On appelle l'anthère *sessile*, lorsque le filet manque, comme dans les fleurs du gouet et de l'aristoloche.

Le plus souvent le filet est étroit et filiforme; quelquefois cependant il affecte d'autres formes; large et plane dans la pervenche, il ressemble à un pétale dans le gingembre.

Le nombre des étamines varie; la valériane rouge n'en renferme qu'une; le lilas, deux; les iris, trois; d'autres quatre, cinq, six, dix, vingt, soixante même, comme le bouton d'or.

Chez les fleurs à plusieurs étamines, leurs filets se réunissent et se soudent ensemble, de manière à représenter un tube ou un cercle au sommet duquel les anthères se dressent comme les fleurons d'une couronne.

D'autres fois, les filets se partagent en deux ou trois faisceaux, que les botanistes désignent sous le nom d'*androphores.*

L'*anthère*, cette partie indispensable de l'étamine, parce qu'elle renferme le pollen, se compose d'une ou plusieurs loges.

On l'appelle *uniloculaire*, *biloculaire*, *triloculaire*, suivant qu'elle a une, deux, ou trois loges.

D'ordinaire, l'anthère consiste en deux loges réunies ensemble par le sommet du filet.

La forme des anthères offre un grand nombre de variétés. Le plus souvent ovoïdales, elles s'allongent et deviennent très-étroites dans la campanule; en forme de cœur dans le basilic, elles se transforment en fer de flèche dans le laurier rose et la giroflée.

Elles se fixent au filet tantôt par leur dos, tantôt par leur sommet, tantôt par leur base. Dans beaucoup de plantes elles restent libres et sans adhérence entre elles, tu l'as remarqué chez les trois fleurs que tu as analysées; elles se soudent en tube dans les chardons, les soucis, et toutes les fleurs dites composées.

Je n'ai rien à ajouter à tout ce que je t'ai déjà dit du pollen.

Le pistil se tient la plupart du temps placé au centre de la fleur. Presque toujours unique, comme dans le lis, il se dédouble parfois comme dans les renoncules, le bouton d'or, en une espèce de prolongement du réceptacle, que l'on désigne en botanique sous le nom de *gynophore*, c'est-à-dire qui porte l'organe femelle et supporte alors l'anthère dédoublé.

Ce gynophore prend quelquefois un accroissement considérable et devient pulpeux et succulent; le fraisier en fournit une preuve.

Je te répéterai pour mémoire que le pistil se compose de trois parties : l'*ovaire*, le *style* et le *stigmate*, que tu as vues bien distinctement dans le lychnis femelle.

L'ovaire occupe la partie inférieure du pistil; presque toujours il repose sur le réceptacle. Assemblage d'une ou plusieurs loges, il contient les *ovules* ou rudiments des graines. Sa mission consiste à se développer et à constituer le fruit.

Le *style* est un prolongement creux, unique ou multiple; une espèce de tuyau mince et filiforme qui s'élève du sommet de l'ovaire, et qui sert de support au stigmate.

Le nombre des styles multiples égale d'ordinaire le nombre des loges de l'ovaire.

Ainsi, dans le lychnis et dans le géranium, où tu as vu cinq styles soudés ensemble, tu peux compter cinq loges correspondantes.

Chez le style unique il existe, dans son intérieur, un nombre de faisceaux fibreux égal à celui des divisions de l'ovaire.

Dans beaucoup de fleurs, le pavot, par exemple, le style manque.

On dit alors que le stigmate est *sessile sur l'ovaire.*

Le *stigmate* est cette partie glanduleuse placée au sommet du style ou de l'ovaire, et destinée à recevoir l'impression de la substance fécondante.

De même que le style, il peut être unique ou multiple, et dans ce dernier cas, le nombre de ses divisions se subordonne à celui des styles.

Les formes du stigmate varient à l'infini, il figure un panache à cinq branches dans le géranium et le lychnis; il se roule sur lui-même dans la campanule, se recourbe en crochet dans le platane, et se montre plumeux dans les graminées.

Outre les parties naturelles de la fleur que nous venons d'étudier, on trouve souvent des pièces accessoires, dont la nature a doté certaines fleurs ordinairement plus imparfaites que les autres, ou qui, en raison de leur délicatesse, exigeaient plus de précautions.

Telles sont les *bractées.*

Les bractées ou *feuilles florales* consistent en de petites feuilles qui se réunissent souvent autour d'une ou de plusieurs fleurs réunies.

Disposées symétriquement à l'entour, de manière à leur former une sorte de collerette, elles prennent le nom d'*involucre;* l'anémone a le pédoncule garni d'un involucre à trois feuilles, c'est-à-dire *triphylle.*

On le dit *tétraphylle*, *pentaphylle* ou *polyphylle*, suivant qu'il se compose de quatre, de cinq, ou d'un plus grand nombre de feuilles.

La *spathe*, involucre membraneux, renferme une ou plusieurs fleurs qu'elle recouvre avant leur épanouissement.

Dans le gonet ou pied de veau, la spathe est *monophylle*, c'est-à-dire d'une seule pièce (*fig.* 25).

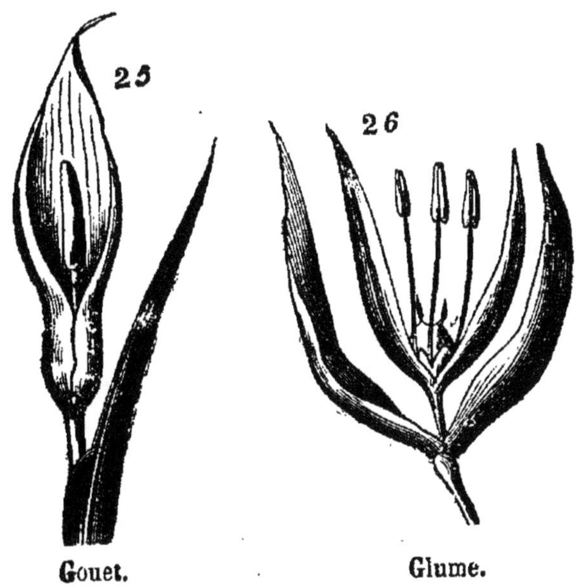

Gouet. Glume.

Elle est *diphylle*, ou formée de deux pièces, dans l'ail et l'oignon ; les grappes de fleurs des palmiers sont également enveloppées d'une spathe.

Les fleurs des graminées manquent de calice et de corolle.

Des écailles de formes variées enveloppent immédiatement les organes sexuels et les remplacent; on leur donne le nom de *bâle* ou de *glume*. C'est ce que l'on voit dans le blé, l'avoine et le chiendent (*fig.* 26)

L'*inflorescence* ou la disposition des fleurs sur la tige est un des caractères importants des végétaux.

L'inflorescence est *simple* lorsque qu'il n'existe qu'une fleur unique sur le pédoncule.

Elle est *composée* lorsque plusieurs fleurs se rassemblent en un seul ou plusieurs groupes sur la même tige.

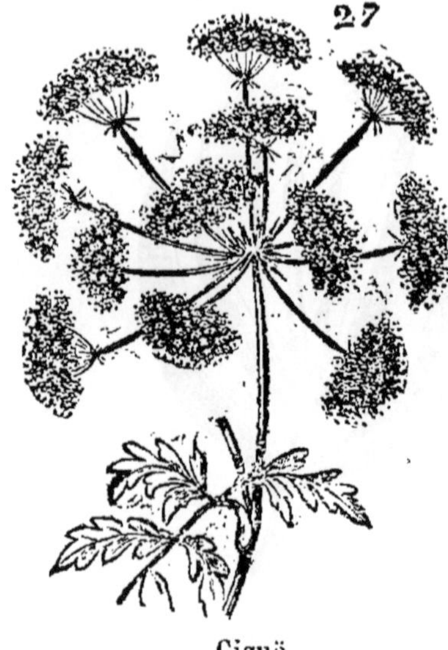

Ciguë.

On nomme *fleuraisons en ombelle* celles dont les pédoncules se réunissent tous en un point commun, d'où ils divergent comme les rayons d'un parasol. Telle est la carotte, le persil et la ciguë (*fig*. 27).

On appelle *corymbe* une disposition de fleurs dont les pédoncules partent graduellement de différents points d'un pédoncule commun, et arrivent tous à la même hauteur (*fig*. 28), exemple : le mille-feuilles.

Mille-feuilles.

Les fleurs en *bouquet* ou en *grappe* sont celles dont les pédoncules partent graduellement de différents points d'un pédoncule commun, et arrivent à des hauteurs différentes; exemple : le lilas (*fig*. 29).

Les fleurs en *épi* se tiennent et s'échelonnent le long d'un pédoncule commun; exemple : le plantain (*fig*. 30).

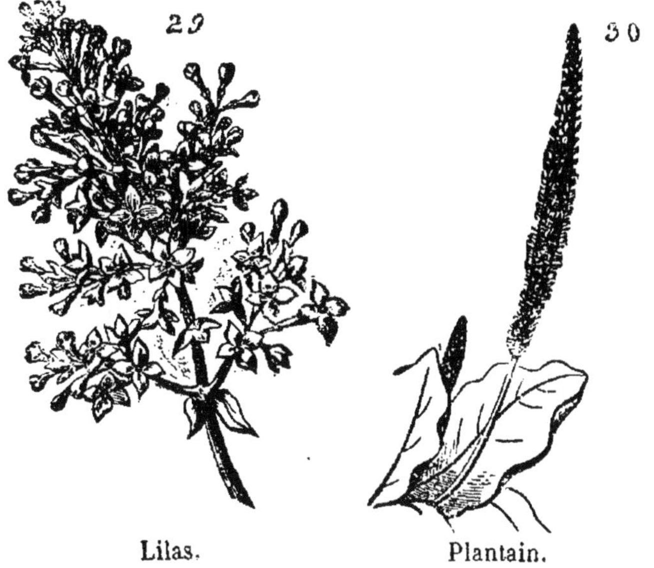

Lilas. Plantain.

Dans le *capitule* les fleurs ramassées se disposent en une espèce de bouquet fort court et arrondi; exemple : le trèfle (*fig*. 31).

Trèfle.

Les quelques fleurs que tu as analysées, c'est-à-dire la giroflée, le géranium, le lychnis, le pois, sont des fleurs simples.

Toutes les fleurs ne sont point faites ainsi.

Il en est, comme je te l'ai déjà dit, qui se composent uniquement des organes essentiels à la reproduction, placés sur de petites écailles, ou qui ne possèdent même que l'un de ces organes.

Il en est d'autres, au contraire, qui, formées de la réunion d'une infinité de petites fleurs, se rassemblent toutes sur le même réceptacle et s'enveloppent dans un grand calice commun. On donne à ces fleurs le nom de *composées*. Le bluet, le chardon, le pissenlit, sont des fleurs composées.

— En effet, dit Paul, en cueillant ce bluet et en l'analysant, je vois cette multitude de petites fleurs.

— La famille des composées forme, à elle seule, plus du dixième du règne végétal.

Tu vois que la tête fleurie que tu nommes bluet est, non pas une fleur unique, mais une agglomération de petites fleurs renfermées dans une enveloppe commune que nous appellerons *calice*, mais qui, en réalité, n'est qu'un *involucre* de bractées. Compte-les.

32
Bluet.

— Ces petites *bractées* ou *feuilles florales* qui forment le calice commun sont au nombre de trente-six à quarante, et disposées en sept ou huit séries, placées les unes sur les autres; les plus intérieures me paraissent les plus grandes (*fig.* 32).

— Remarque encore maintenant les fleurettes qui composent la tête du bluet : les unes, d'un bleu céleste, forment à l'extérieur une élégante couronne, ce sont les plus grandes; les autres, placées au centre, se teignent en couleur purpurine et restent moins épanouies.

Coupe verticalement par la moitié, et en commençant par la base, la tête de ton bluet, et tu distingueras le pédoncule renflé en cône élargi, sur la convexité duquel les fleurs s'enchâssent par la base.

Si tu enlèves maintenant une des fleurs purpurines du centre, tu reconnaîtras une fleur *monopétale*, à tube allongé et divisé à son sommet en cinq lobes ou lanières. Fends avec la plus grande précaution cette petite corolle, tu trouveras à l'intérieur un étui d'un bleu violet, duquel sort une petite fourche blanche à laquelle la corolle semble servir de fourreau. En déchirant tout à fait la corolle, tu verras que l'étui violet s'attache au tube de la corolle par cinq filaments blancs, et que la fourche blanche qui passe au milieu de l'étui violet s'élève au sommet d'un corps vert qu'entoure un bouquet de poils.

Tu reconnaîtras facilement, je pense, dans l'étui violet, les *anthères* soudées ensemble, et fixées par les filaments blancs ou filets au tube de la corolle; ce sont les étamines. Dans la petite fourche blanche, tu vois tout naturellement le pistil s'élevant au sommet de son ovaire qui est le petit corps vert.

Cherche au milieu d'une fleur fanée un ovaire bien développé et examine-le avec attention. Vois une petite coque sèche qui ne contient qu'une graine libre de toute adhérence avec sa paroi.

Ce genre de fruit se nomme *akène.*

Passons maintenant aux grandes fleurs bleues de la circonférence.

Leur corolle paraît divisée en deux lèvres inégales et

dentées. Il n'y a ni étamines ni pistil; un bouquet de poils en occupe seul le fond.

Ainsi les fleurs élégantes qui composent la couronne du bluet sont stériles, et probablement cette stérilité cause leur plus grand développement. Les chardons, le carthame des teinturiers et l'artichaut, appartiennent à la même famille.

L'artichaut que l'on sert sur nos tables forme la fleur de la plante; c'est un bluet énorme et en bouton. Les feuilles dont on mange la base sont les feuilles du calice ou de l'involucre; le fond de l'artichaut est le réceptacle commun, et le foin se compose des fleurs du centre, très-jeunes et séparées les unes des autres par des paillettes couvertes de poils.

33

Marguerite.

— Cette marguerite appartient, sans doute, également à la grande famille des composées. J'y vois ici, comme dans le bluet, une agglomération de fleurs et non une fleur unique (*fig.* 33).

— Tu as raison. Le calice commun ou l'involucre de la marguerite consiste en un grand nombre de bractées très-serrées, imbriquées alternativement sur trois ou quatre rangs; elles protégent deux sortes de fleurs, celles de la circonférence et celles du centre.

La corolle blanche des premières représente une lame

ou languette, enroulée à sa base en cornet (*fig.* 34) et posant sur un petit corps vert cannelé, au sommet duquel se tient fixé le pistil; il n'y a point d'étamines.

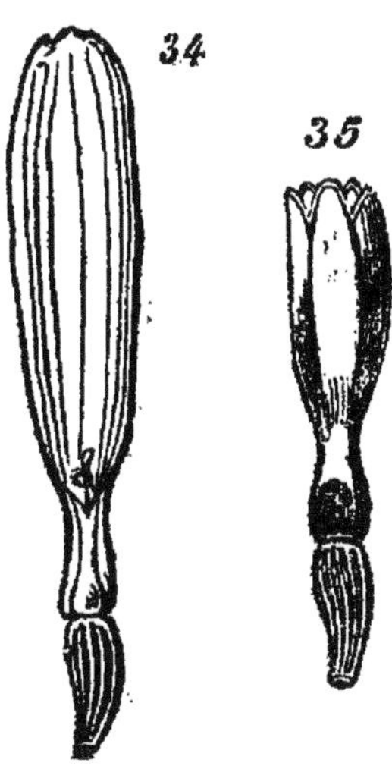

Le cœur jaune de la tête fleurie, à laquelle on donne le nom de marguerite, c'est-à-dire les fleurs du centre, a une corolle régulière en cloche découpée à cinq lobes, placé aussi sur un petit corps vert cannelé.

En ouvrant cette corolle, t'apparaîtront, comme dans les fleurs centrales du bluet, cinq étamines avec les anthères soudées en tube, et au milieu d'elles un pistil bifurqué au sommet.

La marguerite diffère donc du bleuet en ce que les fleurs de la circonférence sont *staminées* et fertiles dans la première, tandis que les organes sexuels et stériles manquent au bleuet.

On donne aux fleurs centrales le nom de *fleurons*, et celui de *demi-fleurons* aux fleurs de la circonférence ou du *disque*.

Diverses circonstances particulières peuvent faire subir aux fleurs des altérations ou des changements considérables, soit dans la forme, soit dans le nombre de leurs parties.

Quelques-unes dérogent à leur espèce par le défaut de quelques pétales ou même de quelques étamines. Certaines plantes des pays chauds perdent entièrement leur corolle lorsqu'on les cultive dans un climat froid.

Mais les variations *par excès* abondent beaucoup plus que celles *par défaut;* jusque dans ses soi-disants écarts la nature tend presque toujours vers l'accroissement et la richesse.

Place dans un terrain maigre et appauvri une plante à séve vigoureuse, elle deviendra grêle et faible et ne produira que peu de feuilles et de fleurs.

Chacune de ses fleurs sera cependant pourvue de toutes les parties qui caractérisent son espèce.

Si, au contraire, tu mets la même plante dans des circonstances telles, que la force des engrais et les soins de la culture produisent une affluence extraordinaire des sucs nourriciers, non-seulement ses parties se multiplieront et prendront de l'embonpoint, mais le nombre des pétales pourra s'accroître dans chaque fleur, et cet accroissement se fera le plus souvent aux dépens des étamines, dont les unes dégénéreront en nouveaux pétales et les autres resteront la plupart sans anthères et à l'état d'ébauche.

Chez quelques-unes, toutes les étamines et les pistils eux-mêmes se convertissent en pétales; alors il ne reste plus de fleur proprement dite, et par conséquent plus de fruit ni de graine à attendre.

On donne à ces fleurs que double la culture, et rendues stériles par excès de nourriture, le nom de *monstres*.

La plupart des jardins et des serres ne se peuplent que de ces monstres obtenus souvent au prix de bien des combinaisons, des efforts et des labeurs par les horticulteurs

Dès qu'elles ont rempli leur mission, les fleurs se fanent, leurs enveloppes se dessèchent et tombent.

Le style et le stigmate se séparent de l'ovaire, et celui-ci s'accroissant de plus en plus, finit par constituer le fruit.

CHAPITRE DOUZIÈME.

LE FRUIT.

C'est dans le fruit, cet organe conservateur de l'espèce, que nous voyons la nature déployer ses plus fécondes ressources, et redoubler de soins et de précautions.

Elle protége le fruit au dedans et au dehors, par des enveloppes de pulpes, de gousses et de capsules; une mère ne prodigue pas plus d'attention au berceau de son enfant.

En outre, pour parer aux pertes accidentelles, non-seulement elle a pris la précaution de multiplier les fleurs sur la plupart des plantes, mais encore elle place plusieurs semences dans le plus grand nombre d'entre elles. Chez quelques-unes, ses profusions n'ont point de bornes : un seul pied de maïs donne jusqu'à deux mille graines; l'héliante ou tournesol en produit trois à quatre mille; le pavot, trente-deux mille.

En un mot, la multitude des semences qui se dispersent de toutes parts après la maturation est si prodigieuse, que, par le calcul qui en a été fait, le produit complet d'un terrain de quelques kilomètres pourrait suffire, après un petit nombre d'années, à peupler de végétaux la surface entière du globe.

En effet, pour éviter la disette, la nature est obligée à un excès d'abondance

Une foule d'obstacles resserrent dans de justes bornes son étonnante fécondité.

La plupart des semences avortent et deviennent stériles, par les accidents qu'elles supportent dans leur dispersion, par l'intempérie de l'air, par la nature même du sol.

Aussi la nature emploie-t-elle autant de soins et de précautions pour placer la graine dans des conditions favorables à son développement, qu'elle en a prises pour l'embryon. Elle couronne les graines d'aigrettes, de panaches, d'ailerons, afin qu'elles puissent s'envoler au loin et que l'espace ne leur manque pas; c'est ce que l'on voit dans les chardons, les camomilles, les cèdres, les érables, les tilleuls et d'autres espèces de plantes.

A la maturité de ses graines, la balsamine projette avec force les siennes hors de ses valves et les sème au loin. Par contre, lorsque la jeune plante ne peut prospérer que dans des circonstances particulières et qu'il y aurait par conséquent danger à ce qu'elle commençât son existence ailleurs que près de la plante mère, celle-ci ne l'abandonnera qu'après l'avoir pourvue des moyens nécessaires pour l'attacher solidement au sol.

Tel est le cas du manglier, arbre peu élevé, qui croît à l'embouchure des fleuves, sur le littoral des mers tropicales, là où le sol est tour à tour submergé et mis à découvert par le flux et le reflux de l'Océan.

Afin que la jeune plante puisse se fixer dans ce sol mou et délayé qui seul lui convient, la plante mère n'abandonne sa progéniture que lorsque celle-ci acquiert la force de développement nécessaires pour résister au mouvement des eaux. Elle laisse donc la graine se développer sur elle, et produire une racine. Puis, après l'avoir portée ainsi une année entière, elle la laisse tomber dans la vase où la plantule se fixe aussitôt par sa racine toute formée.

Le fruit n'est donc, comme tu peux le voir, que l'ovaire même qui survit à la plupart des autres organes de la fleur, et que la maturité a grossi et développé.

Cette partie prend quelquefois un développement considérable, par exemple, chez le melon et chez le potiron qui surpassent de beaucoup en volume les plantes qui les produisent.

— Oui, le melon donne plus qu'il ne promet. Il ressemble à ces hommes modestes qui vivent dans l'obscurité, et qui cependant rendent, dans leur sphère obscure, des services à la société.

Ces services modestes, marqués au cachet si rare du patriotisme intelligent et de l'abnégation personnelle, me remettent en mémoire, je ne sais trop pourquoi, un conte oriental que j'ai lu je ne sais plus où, autrefois, dans ma plus lointaine enfance.

Un jour, par une chaleur excessive, le calife Al-Raoun-al-Raschid, tomba plutôt qu'il ne se coucha, tant il éprouvait de fatigue, sur les pelouses de son jardin dévorées par les ardeurs du soleil. A peine son turban, orné d'une perle d'une valeur immense, eut-il touché le gazon, que cette perle poussa un cri de dédain. Elle se trouvait, côte à côte, avec une toute petite goutte de rosée qui tremblait à l'extrémité d'un brin d'herbe, chétif, jaune et prêt à périr, faute d'eau.

— Quel déshonneur pour moi ! dit la perle ; pour moi qu'on a payée dix mille besans d'or ! pour moi qu'admirent et qu'envient tous ceux qui m'aperçoivent! pour moi qui couronne le front du commandeur des croyants! pour moi contre qui ne peut rien l'action du temps! Moi! me trouver de niveau avec une vulgaire goutte de rosée! A quoi pense donc Allah de commettre une pareille mésalliance!

La goutte de rosée ne répondit même pas; elle glissa le long du brin d'herbe qui allait périr de soif, tomba sur sa racine, l'humecta, la sauva et mourut.

A l'instant même, un ange descendit du ciel, changea la goutte d'eau en une houri aussi belle que lui, et l'emmena radieuse dans le paradis, aux pieds du Dieu qui est Dieu, et qui a Mahomet pour son prophète.

Quant à la perle, qui s'épuisait à faire scintiller ses plus beaux reflets, l'ange n'y prit même pas garde

---

CHAPITRE TREIZIÈME.

LE PÉRICARPE.

On distingue dans le fruit, la graine ou semence et son enveloppe qui porte le nom de *péricarpe* (du grec *peri* autour et *carpos* fruit).

Le péricarpe est donc cette partie du fruit qui enveloppe et protége les semences ; il joue par conséquent, à l'égard des graines, le rôle que joue la corolle à l'égard des étamines et des pistils.

Le péricarpe varie dans sa forme et dans sa consistance ; ce qui lui vaut diverses classifications et divers noms.

On le divise d'abord en fruits secs et en fruits pulpeux.

Dans les premiers, l'épiderme se trouve muni d'une multitude de pores qui permettent la transpiration.

Dans les seconds, au contraire, la séve ne trouvant aucune issue, contribue à leur donner plus d'intensité, plus de volume et plus de succulence.

A la première division, celle des *fruits secs*, appartiennent :

La *capsule*, fruit sec ou enveloppe ordinairement formée de plusieurs panneaux qui se joignent par leurs bords avant la maturité, et s'ouvrent ensuite comme autant de portes, pour laisser une issue libre aux semences.

Le fruit capsulaire *quinquevalve* du géranium (*fig*. 8), s'ouvrant par cinq panneaux distincts.

On dit la capsule *univalve*, *bivalve*, *trivalve*, suivant qu'elle s'ouvre par un, deux, trois côtés.

La *silique* est un fruit sec à deux valves réunies par des sutures longitudinales auxquelles s'attachent les semences ; les sutures se joignent parfois l'une à l'autre pour former une cloison centrale. C'est ce que tu as vu dans la giroflée (*fig*. 5).

La *gousse* ou *légume* ressemble un peu à la silique par la forme et la réunion de ses valves, mais elle en diffère par la disposition de ses semences attachées seulement à l'une des sutures qui forment la ligne de jonction des panneaux.

On peut prendre comme type de la gousse, le fruit du pois (*fig*. 13).

Le *follicule* ou la *coque*, un péricarpe membraneux,
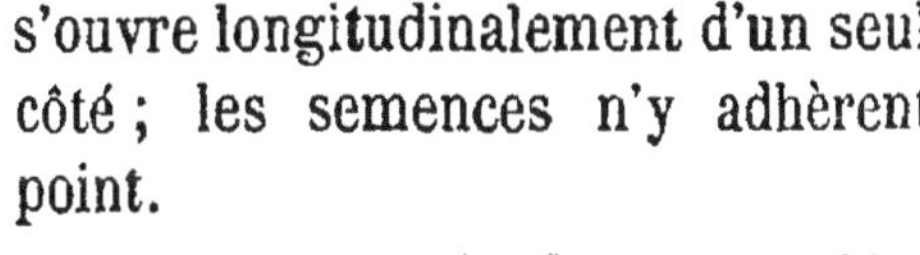
s'ouvre longitudinalement d'un seul côté ; les semences n'y adhèrent point.

Coque de pavot.

Tel est le fruit du pavot. (*fig*. 36).

Dans le *drupe* ou fruit à noyau, un péricarpe charnu, plus ou moins succulent, renferme une petite boîte ligneuse, connue sous le nom de boîte *noyau* et qui contient la semence appelée *amande*.

La cerise, la prune, l'abricot, l'amande sont des drupes (*fig.* 37).

Drupe (abricot).

La *pomme* ou fruit à pepin est un péricarpe composé d'une pulpe charnue et solide, divisée vers son centre en plusieurs loges membraneuses, contenant des semences que l'on nomme *pepins* (*fig.* 38).

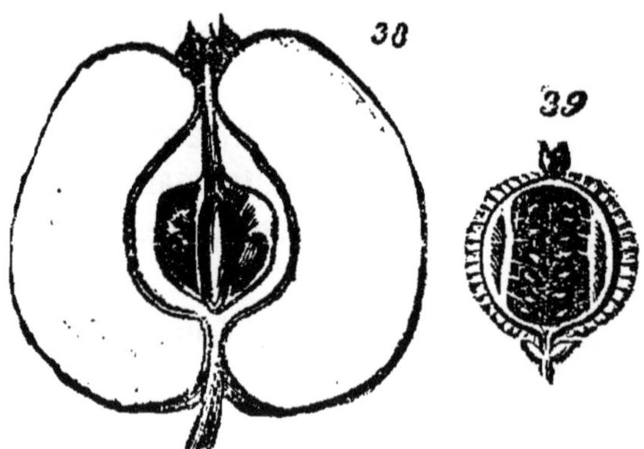

Pomme. Baie (groseille).

La *baie* est un péricarpe de forme arrondie ou ovale, formé d'une pulpe succulente au milieu de laquelle les semences sont éparses.

La groseille et le raisin sont des baies (*fig.* 39).

Le *cône* ou *strobile* se compose d'écailles ligneuses, fixées par leur base sur un axe commun qu'elles entourent en se recouvrant les unes les autres, et dont l'ensemble a la forme d'un cône. Sous chacune de ces écailles on trouve une ou deux semences.

Tel est le fruit du pin (*fig*. 40).

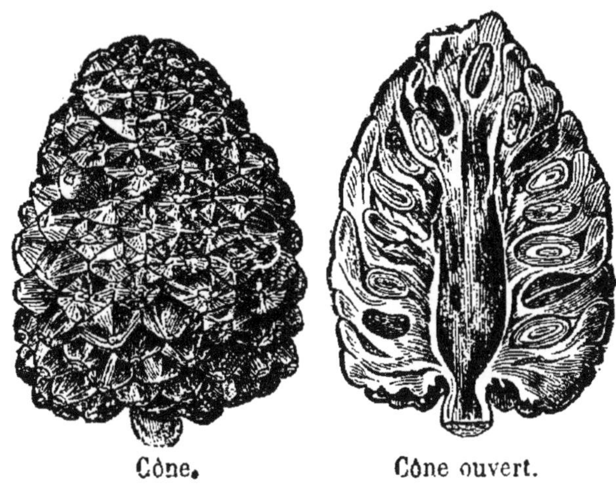

Cône. Cône ouvert.

— Mais dans laquelle de ces divisions rangeras-tu la noix?

— Parmi les *drupes* ou fruits à noyau. Le brou de la noix représente le péricarpe charnu, et la noix elle-même est un noyau ligneux contenant une amande à quatre lobes.

— Tu as raison, et j'aurais dû le comprendre; mais, je ne vois pas où placer la fraise ni la mûre.

— Ce que tu manges dans la fraise, n'est que le *réceptacle* développé et devenu succulent; les fruits véritables ou les ovaires n'ont aucune saveur; ce sont ces petits grains enchâssés dans la pulpe du réceptacle et qui craquent sous la dent; ils composent une réunion de petites coques ou *akènes* renfermant chacune une graine.

Quant à la mûre, c'est un assemblage de petites baies groupées autour d'un réceptacle conique qui reste sec (*fig.* 41).

41

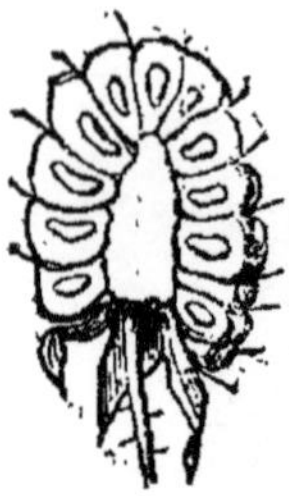

Mûre.

On peut encore ranger dans une division particulière le fruit des graminées.

Le grain du blé, de l'avoine et de l'orge, est un péricarpe mince et sec, ne s'ouvrant pas et soudé à la face externe de la graine.

On donne à cet espèce de fruit le nom de *caryopse.*

Un grand nombre de fruits procurent à l'homme et aux animaux une nourriture saine et variée, tout en flattant nos sens par l'éclat de leurs couleurs, l'élégance de leurs formes, la douceur de leur parfum et leur goût exquis.

Quoi de plus beau et de plus savoureux que la pêche, l'orange, la poire, le raisin, l'ananas!

La grosseur des fruits se trouve d'ordinaire en proportion inverse avec la force et la dimension des arbres qui les produisent; le gland, la faîne, la châtaigne, la noix, viennent sur des arbres d'une grande élévation, tandis que le melon, la citrouille, le potiron rampent attachés à des tiges qui s'élèvent à peine du sol.

Tu te rappelles à ce sujet la jolie fable de La Fontaine, « *le Gland et la Citrouille*, » dans laquelle le pauvre Garo trouvant ridicule la disproportion qui existe entre le fruit et l'arbre qui le porte, apprend à ses dépens que « *Dieu fait bien ce qu'il fait.* »

On rencontre cependant quelques exceptions à cette

règle ; ainsi, les cocos, fruits très-gros et très-lourds croissent sur des arbres d'une taille gigantesque.

Les graines ou semences que renferment les fruits, chargés de la perpétuation des espèces végétales, possèdent, en outre, la plupart des propriétés précieuses utiles à l'homme.

Les unes, telles que celles du froment, du seigle, de l'orge, du riz, des pois, des haricots, forment la base de la nourriture de l'homme et de plusieurs animaux.

D'autres, fournissent des huiles employées à divers usages ; telles sont les graines de l'amandier, du pavot, du colza ; ou des sucs propres à la teinture, comme celle du rocou.

Les formes des graines varient à l'infini ; sphériques dans les pois et dans beaucoup d'autres plantes, convexes d'un côté et aplaties de l'autre dans le jasmin et le caféier, en colonne dans la pervenche, en croissant dans la coque du Levant ; elles se contournent comme une coquille de limaçon dans la soude.

Le pissenlit et le chardon se trouvent pourvues d'appendices membraneux en forme d'ailes, ou surmontées d'aigrettes soyeuses qui donnent prise au vent, et facilitent leur dissémination au loin ; véritables ballons armés de crochets pour favoriser leur descente, elles volent à travers les airs jusqu'à ce qu'elles rencontrent un endroit propice pour s'y fixer et s'y reproduire.

CHAPITRE QUATORZIÈME.

ORGANISATION DE LA PLANTE ; SA NUTRITION ET SON ACCROISSEMENT.

La graine fécondée renferme donc l'embryon de la plante.

Celui-ci, animé de forces vitales particulières, s'accroît, se débarrasse de ses enveloppes et se montre bientôt capable de puiser lui-même dans le sein de la terre, la nourriture qui lui convient.

Mais pour que le développement de l'embryon ait lieu, la graine qui le renferme et lui sert d'œuf doit se trouver placée dans de certaines conditions. Il faut non-seulement que la graine soit fécondée et parvenue à une maturité complète, mais encore que, mise à l'abri de la lumière, elle perçoive en même temps l'influence de l'eau, de l'air et de la chaleur.

Les germes perdent, en outre, dans un laps de temps plus ou moins long, la propriété de germer.

Ce temps varie d'après les espèces.

Les graines farineuses, les haricots et le blé, par exemple, conservent longtemps leur faculté reproductrice. Des haricots tirés de la collection de Tournefort, et desséchés depuis un siècle, ont donné naissance à des tiges ; des grains de blé trouvés dans des tombeaux des Pharaons, et vieux par conséquent de plusieurs milliers d'années, placés dans un lieu propice, ont produit des épis.

D'autres graines, au contraire, telles que celles de l'angélique et du caféier, perdent en fort peu de temps, leur faculté germinative.

L'élément le plus essentiel à la germination consiste dans l'eau.

La terre environne la graine, qui ne fait que servir de réservoir à cette eau qui agit en dissolvant les substances solides ou gazeuses concourant à la nutrition de la plante.

L'air est aussi utile aux végétaux qu'aux animaux; on a démontré que dans le vide, c'est-à-dire dans un espace privé d'air, les graines ne pouvaient germer. De là le précepte de ne pas trop les enfoncer dans la terre, car, alors, elles deviennent inaccessibles au contact de l'air et éprouvent un véritable sommeil, dont elles ne sortent que quand une cause quelconque les rapproche de la superficie

La chaleur exerce également une influence manifeste sur l'évolution de l'embryon. Si la température descend au-dessous de zéro, les graines n'éprouvent aucun symptôme de germination; lorsque cette chaleur dépasse trente-cinq à quarante degrés l'embryon se dessèche et avec lui, le germe de la vie.

Quant à la lumière, loin de favoriser la germination, elle semble au contraire la retarder.

Lorsque tu as analysé la graine du pois, tu as vu la plantule placée entre les deux hémisphères de la graine ou cotylédons se développer dans sa partie supérieure pour former la tigelle, et s'allonger par le bas pour donner naissance à la radicule.

Retire de terre à présent l'un de ces haricots que tu

as plantés il y a quelques jours, et dont les petites feuilles vertes commencent à sortir du sol (*fig.* 42).

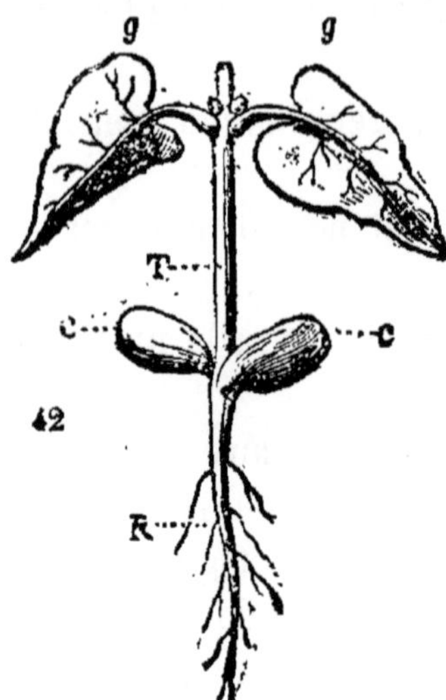

42

Tu vois les deux cotylédons *cc* ouverts, et entre eux la tigelle T, qui, déjà très-longue, porte vers son sommet deux petites feuilles vertes parfaitement développées *gg*; elles sont sorties de la gemmule.

La tigelle se joint à la radicule ou petite racine R par un renflement ou collet, point de départ en sens inverse des deux organes.

L'absence ou la présence des cotylédons permet de diviser le règne végétal en deux séries de première valeur.

On donne le nom de *acotylédonées* ou sans cotylédons aux plantes privées de ces organes.

Ce sont en général les plantes celluleuses, comme les mousses, les lichens, les champignons.

Suivant que les plantes à cotylédons en présentent deux ou un seul, on leur donne le nom de *monocotylédonées* (du grec *monos*, seul);

Ou celui de *dicotylédonées* (de *dis*, deux).

Remarque bien que la présence d'un ou de deux cotylédons coïncide toujours avec une texture particulière de la tige, et confirme d'une manière curieuse les données fournies par l'examen anatomique et le mode spécial de développement.

Le nombre ou l'absence des cotylédons fournit donc les

trois grandes divisions dans lesquelles on classe tous les êtres qui composent le règne végétal; division très-importante, sur laquelle je reviendrai lorsque je te parlerai des divers systèmes de classification botanique.

La direction ascendante de la tigelle et la direction descendante de la radicule ne sont pas les seules que suive le végétal; il possède encore une autre force: la force d'expansion latérale, qui appartient exclusivement à la tige. Celle-ci, à mesure qu'elle monte, projette sur ses côtés les organes aplatis que l'on nomme *feuilles*.

Les feuilles ne naissent pas au hasard sur la tige, mais toujours suivant un certain ordre. Tu peux remarquer, surtout dans le géranium, que le point de la tige où naissent les feuilles est un peu renflé.

Ce point se nomme *nœud vital*.

Chaque portion de la tige comprise entre deux nœuds vitaux s'appelle *entre-nœud*.

Tantôt les feuilles poussent le long de la tige, solitaires et sur un même plan, c'est-à-dire d'un seul côté, et on les dit alors *alternes*; c'est ce que l'on voit dans la giroflée.

Tantôt elles se placent deux à deux sur le même plan, c'est-à-dire vis-à-vis l'une de l'autre; on les dit alors *opposées:* on l'observe dans le géranium.

D'autres fois, enfin, elles entourent en plus ou moins grand nombre la tige, de manière à y former une couronne, et on les appelle alors *verticillées*. Cette dernière disposition se rencontre rarement dans les feuilles ordinaires, mais on la constate plus communément dans les feuilles de la fleur, telles que les sépales et les pétales.

Si les nœuds vitaux ne pouvaient produire que des

feuilles, la tige serait toujours simple et se développerait sans ramifications ; mais presque toujours il naît de chaque nœud, outre la feuille, un petit bourgeon qui, en se développant, formera un rameau, lequel produira des feuilles et se ramifiera à son tour.

La radicule, jointe à la tigelle par le collet, s'enfonce en terre, et, à mesure qu'elle descend, pousse aussi de nombreuses ramifications descendantes qui forment la *racine*.

Dans la première enfance de la plante, les lobes de la graine ou cotylédons ont pour ainsi dire allaité le jeune sujet, et lui ont fourni une nourriture légère et délicate ; mais, à mesure que la plante s'élève, ils lui deviennent inutiles.

Ils cessent donc eux-mêmes de recevoir les sucs nourriciers que la radicule transmet directement à la petite tige, se dessèchent et périssent.

La racine formée exerce sur les sucs nutritifs contenus dans la terre la force de succion dont elle est douée ; toujours elle se dirige vers le point de la terre où ils se trouvent le plus abondants.

La plante cherche sa nourriture comme le font les animaux ; et dans certaines circonstances, ainsi que je te le contais l'autre jour, elle déploie une énergie vraiment remarquable. Aux faits que tu connais déjà j'ajouterai l'histoire d'une racine d'acacia qui traversa une cave à la profondeur de vingt-deux mètres, et pénétra dans un puits, où elle s'étendit encore.

Tandis que les racines tendent invinciblement à se diriger vers le centre de la terre, et semblent rechercher l'obscurité, la tige, au contraire, s'élève constamment et recherche avec avidité l'air et la lumière nécessaires à son développement.

Elle fait des efforts aussi énergiques pour surmonter les obstacles qui lui dérobent ces deux éléments que la racine en fait pour trouver un sol favorable.

Les plantes placées dans des caisses sur les fenêtres, ou dans des endroits qui leur dérobent l'air et la lumière d'un côté, prennent bientôt une direction inclinée qui les ramène vers la partie voisine de l'atmosphère.

Avant d'étudier les problèmes si intéressants de la nutrition et de l'accroissement des plantes, il est nécessaire que tu fasses encore un peu d'anatomie végétale, c'est-à-dire que tu étudies avec moi l'organisation intime des racines, des tiges et des feuilles, qui concourent à l'accomplissement de ces actes importants.

43

Microscope Stanhope.

Tiens, prends en main ce petit microscope Stanhope (*fig.* 43) que je porte toujours avec moi; il grossit les objets d'environ 900 fois en surface, et suffit par conséquent à l'étude de la plupart des détails de l'organisation des plantes. Tu n'as qu'à tourner vers ton œil le côté le plus convexe de la lentille et appliquer sur l'autre surface l'objet à examiner.

Maintenant coupe en travers avec ton canif une tranche aussi mince que possible de la tige de n'importe quelle plante, et applique-la sur ton microscope.

Tu y distingueras un grand nombre de cellules contigües dont la forme varie suivant la nature et la densité du tissu qu'elles forment.

On en voit d'ovoïdes, d'hexagonales, de cylindriques. C'est de là qu'on a donné à cette substance le nom de *tissu cellulaire,* ou *parenchyme* (fig. 44, *a, b, c*).

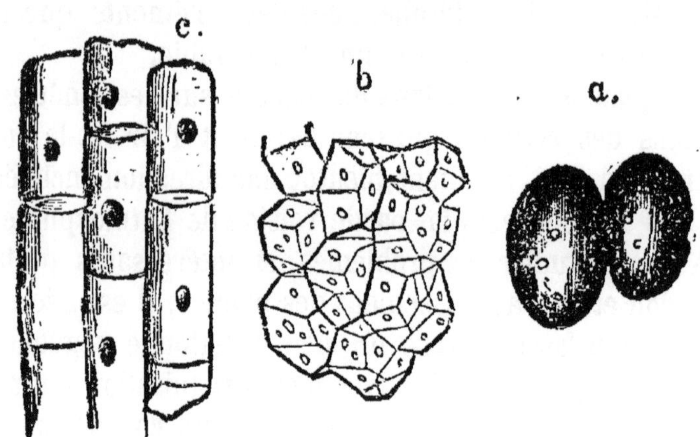

On rencontre surtout la forme hexagonale, moins régulière toutefois que celle des alvéoles construites par les abeilles, et se rapprochant plutôt de celle des bulles qui se forment à la surface d'une eau savonneuse qu'on agiterait (fig. 44 *b*).

Tu constateras facilement cette forme dans la moelle du sureau, la chair des fruits pulpeux et la matière verte des feuilles.

Si maintenant tu prends une tranche très-mince de la substance du végétal coupé longitudinalement, tu verras une sorte de réseau formé par des tubes ou vaisseaux excessivement fins, *anastomosés* (qui se joignent par les extrémités, qui s'embouchent l'un dans l'autre) entre eux et adhèrent au tissu cellulaire qui les environne (44 *a*).

La forme et la structure de ces vaisseaux varient dans les différentes parties des végétaux.

Les uns offrent la forme d'un chapelet (*vaisseaux mo-*

niliformes), c'est-à-dire qu'ils sont étranglés de distance en distance (fig. 45, *b*); ces cellules, placées bout à bout et communiquant entre elles par un petit trou percé à chacune de leurs extrémités, se trouvent surtout dans les racines.

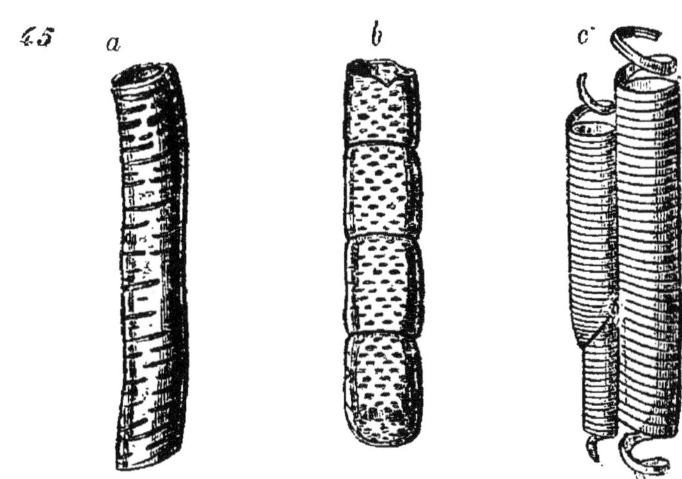

D'autres sont des tubes percés d'une multitude de trous arrondis (*vaisseaux poreux*, *b*); ils parcourent les racines, les tiges et les grosses nervures des feuilles.

On en voit d'autres encore criblés de petites fentes transversales (*vaisseaux fendus*, *a*); on les découvre facilement dans les jeunes tiges.

Il en est enfin qui, constitués par une lame étroite enroulée sur elle-même en spirale, se touchent et forment des tubes semblables à ceux que l'on fabrique en laiton pour les élastiques de bretelles; ce sont les *trachées* (fig. 45, *c*).

Principaux conduits de la séve, on les distingue facilement, même à l'œil nu, en brisant doucement, et sans trop écarter les morceaux, une jeune pousse de rosier ou de sureau.

Il y a en outre dans les plantes des tubes (*vaisseaux propres*) remplis de sucs diversement colorés et particuliers à chaque espèce végétale.

Toutes ces cellules et ces vaisseaux communiquent entre eux, et forment par leur réunion la fibre végétale.

Le parenchyme est, comme je te l'ai déjà dit, cette matière pulpeuse, succulente, éminemment cellulaire, qui remplit tous les vides laissés par les fibres entre elles, et qui forme presque exclusivement la matière verte des feuilles, la chair des fruits et la moelle des tiges.

La *séve*, qui remplit les cellules et monte dans les vaisseaux, est un liquide incolore, tenant en dissolution les matériaux des cellules ou les substances qui doivent s'y déposer.

Les autres liquides, accumulés soit dans les vaisseaux propres soit dans les cellules particulières, sont des huiles fixes ou volatiles auxquelles les plantes doivent généralement leurs propriétés, du sucre, de la gomme et des résines.

Sur toute la surface du végétal s'étend une membrane mince à laquelle on donne le nom d'*épiderme*.

On isole facilement cette membrane extérieure en déchirant une feuille en travers; alors se décolle d'un des fragments de la feuille, une pellicule incolore et transparente.

En examinant au microscope cette pellicule, elle paraît criblée de trous, ou plutôt de petites ouvertures semblables à des boutonnières, que l'on nomme *stomates* (du grec *stoma*, bouche).

Brise un fragment de cette feuille d'iris, et tu verras des stomates bien visibles (fig. 46).

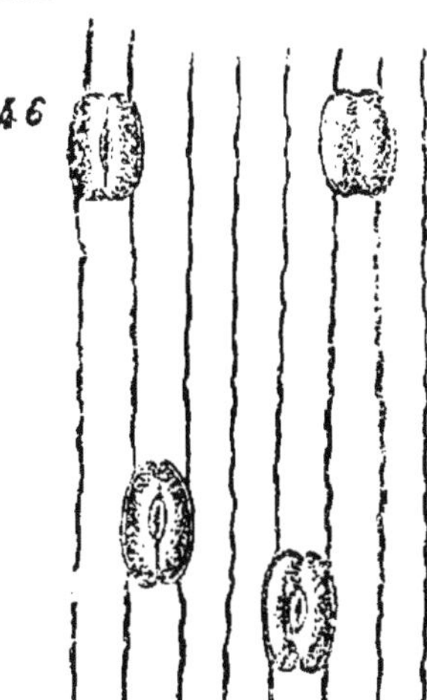

Si tu en avais la patience, tu pourrais en compter dix à douze mille sur une surface d'un pouce carré. Quelques plantes en possèdent encore un plus grand nombre; la feuille du lilas, sur une étendue d'un pouce carré, n'en a pas moins de cent vingt mille, c'est-à-dire dix fois plus que la feuille de l'iris.

Comme je te l'ai dit en te parlant de l'organisation et du développement de la graine, la texture particulière de la tige diffère complétement suivant que la plante est monocotylédonée ou dicotylédonée.

Nous étudierons donc séparément ces deux classes végétales.

Prenons pour exemple de la tige des plantes dicotylédonées ce tronc de poirier fraîchement coupé.

Tu vois d'abord que ce tronc se forme de couches diverses emboîtées les unes dans les autres, et d'autant moins étendues qu'elles se rapprochent du centre.

Ces couches diverses, étudiées en marchant de l'extérieur vers l'intérieur, sont:

L'*épiderme*,

L'*enveloppe herbacée*,

Les *couches corticales*,

Le *liber :*

Ces quatre parties constituent l'*écorce*.

Puis nous avons :

L'*aubier*,

Le *bois*,

Qui constituent les *couches ligneuses*;

Enfin le *canal médullaire*,

Et la *moelle*.

L'*epiderme* (fig. 47, *Ep.*) est une membrane excessivement mince qui enveloppe toutes les parties de la plante, et qui, chez certains arbres, tombe par plaques, comme dans le platane. Organe non essentiel à la végétation, on peut l'enlever sans que la plante cesse de s'accroître. Son but principal paraît être de garantir le végétal, pendant son jeune âge, des influences atmosphériques.

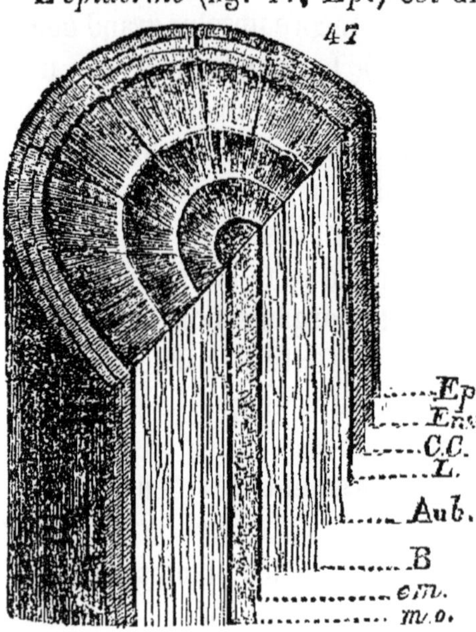

Cette membrane offre, comme chez les feuilles, un grand nombre de petites ouvertures ou *stomates* qui jouent un rôle très-important dans la respiration des plantes, qui, tu le sais, respirent aussi bien que les animaux.

Au-dessous de l'épiderme se trouve l'*enveloppe herbacée*.

Verte et spongieuse dans le jeune végétal, elle devient en vieillissant blanche et sèche.

Couche élémentaire renfermant le plus grand nombre de vaisseaux propres et creusée de lacunes remplies d'air, elle décompose l'air dans la plante.

Sous l'enveloppe herbacée, et toujours en se rapprochant du centre, on rencontre un assemblage de couches superposées, mais peu distinctes les unes des autres; elles se composent de fibres disposées en réseaux. Ce sont les *couches corticales* (*C. C.*).

Puis vient le *liber* (*L.*).

Partie la plus interne et la plus vivace de l'écorce, il doit son nom aux lamelles élémentaires qui le composent et qui, superposées comme les feuillets d'un livre, se séparent lorsqu'on les fait macérer dans l'eau.

Les *couches ligneuses* se divisent en deux parties :

L'*aubier*, que l'on nomme aussi *faux bois,*

Le *bois* proprement dit.

L'*aubier* forme la partie extérieure du bois, dont il ne se distingue que par sa texture moins compacte et sa nuance moins foncée; cette différence, peu sensible dans le tronc que tu as sous les yeux, devient très-apparente dans les bois colorés, comme le gaïac et l'ébène.

Le *bois* proprement dit (*B*) ne consiste donc que dans une modification de l'aubier, qui a acquis plus de compacité.

A la vue simple, on distingue fort difficilement les couches de l'aubier de celles du vrai bois; mais tu pourras toujours établir cette distinction à l'aide d'un microscope, car aucun vaisseau ne traverse l'aubier, tandis que le bois proprement dit renferme des vaisseaux poreux et des fausses trachées.

Il naît chaque année une nouvelle couche d'aubier; par conséquent on peut mesurer rigoureusement l'âge d'un arbre d'après le nombre des couches d'aubier et des couches de bois.

Compte celles de ce tronc; il y en a six : donc l'arbre a six ans.

— Ton calcul se trouve parfaitement exact, car j'ai vu semer cet arbre.

— *L'étui médullaire* et la *moelle* complètent l'ensemble des parties qui entrent dans la composition du tronc.

L'*étui médullaire*, ce canal plus ou moins développé, occupe le centre de la tige, et la moelle le remplit. Ses parois consistent en de longs filets parallèles composés de vaisseaux poreux et de trachées, unis entre eux par du tissu ligneux.

La *moelle*, renfermée dans l'étui médullaire, opaque, humide et continue dans les jeunes tiges, devient plus tard élastique, sèche, transparente, et se fractionne même alors en parties assez régulièrement disposées.

La moelle du noyer présente cette organisation d'une façon bien distincte.

La plupart des botanistes considèrent la moelle comme le siége organique et spécial de la vitalité des plantes.

Elle ressemble beaucoup, quant à l'aspect et à l'organisation, à l'*enveloppe herbacée*, avec laquelle elle communique au moyen de cellules comprimées qui traversent le corps ligneux, et que l'on appelle *rayons médullaires*. Comme tu le vois, ces canaux rayonnent du centre a la circonférence, à la façon des rayons d'une roue.

Dans les plantes dicotylédonées, la racine, au point de vue de la structure intime, ressemble à la tige; cependant elle manque généralement d'étui médullaire et de trachées.

Chezles végétaux monocotylédonés, l'organisation de la tige se caractérise par une simplicité extrême, et qui contraste singulièrement avec l'organisation de la tige des dicotylédonés.

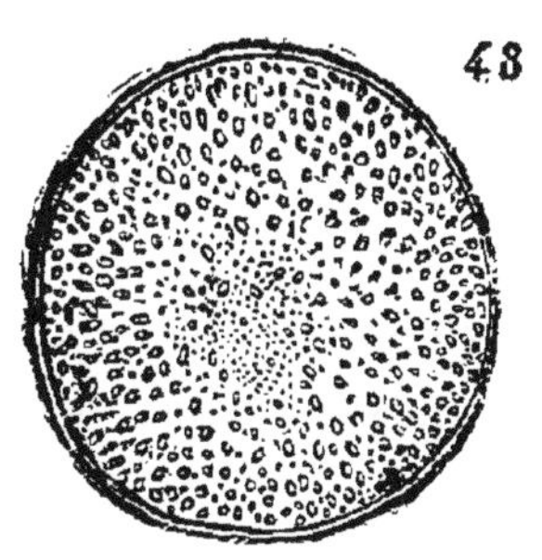

48

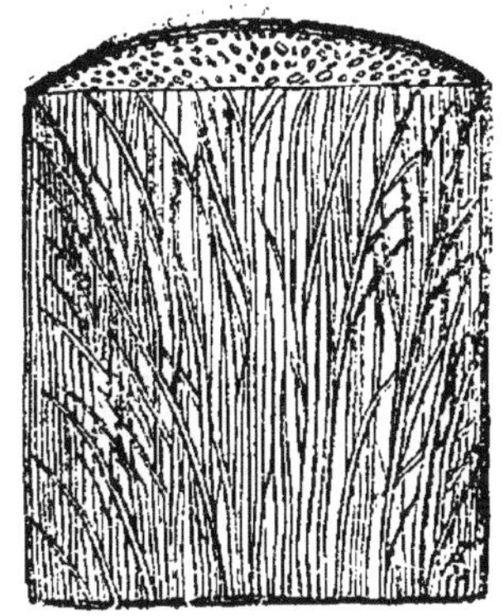

Ici, plus d'enveloppe herbacée, plus de couches ligneuses, plus d'étui médullaire; la tige des monocotylédonés se réduit à une sorte de tube renfermant une énorme quantité de moelle, au milieu de laquelle s'éparpillent des faisceaux de filaments ligneux (*fig*. 48).

Cette tige ne grossit pas; elle croît en longueur et s'élève durant toute sa vie, car son développement s'effectue chaque année à l'aide d'un bourgeon moyen qui se dessèche, et dont les débris, écartés par le bourgeon de l'année suivante, sont, tous les ans, refoulés en dehors et comprimés de manière à former un cercle inextensible.

L'âge des plantes monocotylédonées vivaces est donc

reconnaissable par le nombre des impressions circulaires que présente leur surface.

Dans ces plantes, l'organisation de la racine ressemble absolument à celle de la tige.

Bien que la racine et la tige remplissent chacune des fonctions différentes, elles présentent entre elles les plus grands rapports, et peuvent même au besoin, et suivant les circonstances, se suppléer l'une l'autre.

Une branche de saule enfoncée dans la terre ne tarde pas à se couvrir de radicelles par son extrémité inférieure. Si l'on renverse un jeune arbre, de manière que ses branches soient cachées en terre et ses racines étalées dans l'air, les bourgeons situés à l'aisselle des feuilles, au lieu de pousser des rameaux foliacés, s'étiolent et s'allongent en fibres radicales, tandis que les *turions* ou bourgeons de la racine, destinés à renouveler le chevelu, se développent en rameaux-feuilles sous l'action de l'air.

Presque tous les végétaux sont pourvus de racines, qui servent, non-seulement à les fixer au sol, mais encore, comme je te l'ai déjà dit, à y puiser une partie des substances nutritives nécessaires à l'accroissement.

Dans quelques végétaux élémentaires, tels que les tremelles et les conferves, les racines manquent complétement; dans les algues marines, elles consistent en de simples crampons destinés à fixer la plante au rocher.

La racine ne se montre pas toujours en proportion avec la grandeur et la force de la tige qu'elle soutient. Quelquefois, d'une longueur et d'une force remarquables chez de chétives plantes herbacées dont la tige meurt tous les ans, telles que la luzerne, elle est courte et peu profonde chez les palmiers et les sapins, dont le tronc s'élève à cent cinquante pieds de hauteur.

Les racines se divisent généralement en trois parties distinctes :

A la partie supérieure, le *collet* ou *nœud vital*, qui, comme tu l'as déjà vu, les sépare de la tige;

A la partie moyenne, le *corps de la racine*, qui offre des formes très-variées suivant les végétaux sur lesquels on l'examine;

Puis enfin le *chevelu*, qui part de la partie inférieure du corps de la racine, et que forment des fibrilles plus ou moins abondantes et déliées.

En général, plus le terrain est meuble plus le chevelu se développe.

Relativement à leur structure et à leur forme, les racines sont dites :

Pivotantes (*fig*. 49), lorsqu'elles s'enfoncent perpen-

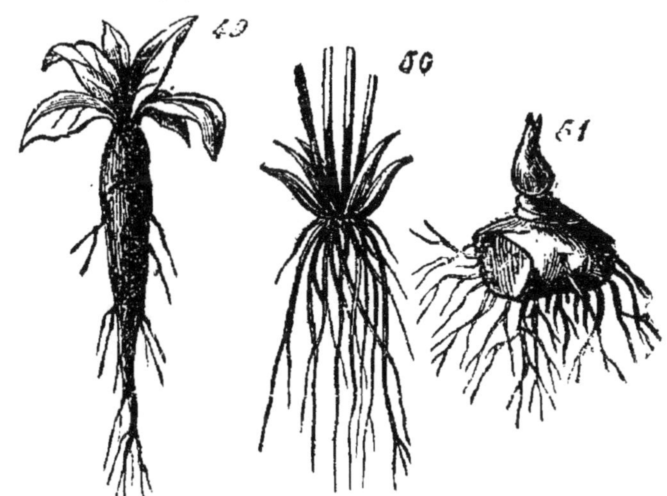

diculairement en terre, comme celles du frêne, de la rave, etc;

Fibreuses (*fig.* 50), ou formées de jets longs et filamenteux, comme les racines des graminées;

Tubéreuses (*fig.* 51), quand elles présentent des tubercules ou corps solides, charnus et remplis de fécule, dans les enfoncements desquels se forment les turions ou bourgeons souterrains destinés à reproduire les tiges, comme dans la pomme de terre.

On les dit *bulbifères* (*fig.* 52), lorsque le corps de la racine est de forme arrondie ou ovale, composé de membranes charnues, superposées ou s'enveloppant les unes dans les autres, et donnant naissance dans leur partie inférieure à de petites radicelles : l'oignon et le lis offrent cette conformation dans leurs racines.

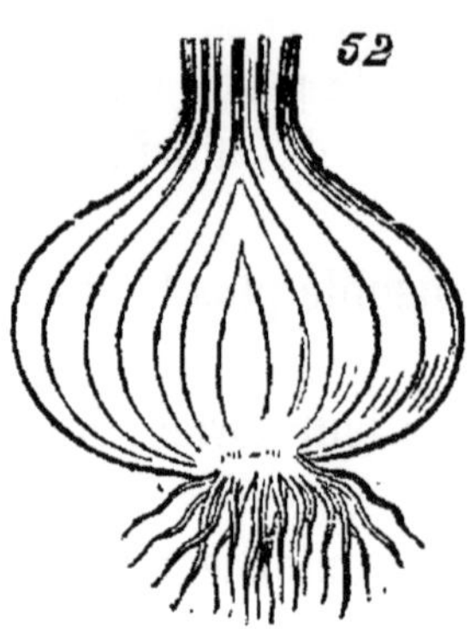

On distingue plusieurs espèces de tiges.

On donne le nom de *tronc* à la tige des arbres, comme les chênes, les pins et les frênes.

Le tronc appartient exclusivement aux plantes dicotylédonées. Généralement nu vers la base, il se ramifie vers le sommet.

Le *stipe* est propre aux végétaux monocotylédonés, le palmier en offre le type : colonne cylindroïde, presque toujours égale en diamètre depuis la base jusqu'au sommet, ordinairement simple, il se couronne d'un bouquet terminal de feuilles et de fleurs.

Le *chaume* est la tige particulière aux graminées. Tube creux, il offre, de distance en distance, des renflements ou nœuds servant de point de départ à des feuilles dont la base embrasse la tige.

La *tige* proprement dite est *ligneuse* ou *herbacée;* dans le premier cas, ce nom s'applique à toutes les tiges vivaces qui, différant d'aspect et de forme, constituent un tronc véritable.

La *tige herbacée*, qui n'existe que dans les tiges annuelles ou bisannuelles, est tendre, verte, et meurt après une seule floraison.

Le *rhizome* ou *souche*, que l'on range communément parmi les tiges, paraît devoir plutôt constituer une racine, puisqu'il vit souterrain et croît horizontal ; il émet par son extrémité antérieure des bourgeons à mesure que l'extrémité postérieure se détruit : l'iris, l'asperge, les fougères, s'élèvent d'un rhizome.

On donne le nom de *bourgeons* à toutes les parties des végétaux qui renferment les jeunes pousses.

Les bourgeons proprement dits donnent naissance aux jeunes pousses qui émanent de la tige même des végétaux dicotylédonés; ils sortent ordinairement de l'aisselle des feuilles ou de l'extrémité des branches.

Les bourgeons apparaissent généralement vers la fin de l'été, lorsque la végétation atteint toute sa vigueur. Ils augmentent de volume pendant l'automne, et restent engourdis pendant l'hiver. Au printemps, quand la végétation recommence, ils s'entr'ouvrent et laissent sortir les organes qu'ils renfermaient.

Les bourgeons donnent naissance à de jeunes pousses semblables à la tige, et présentent ainsi une certaine analogie avec les embryons contenus dans les graines.

Chez les plantes qui croissent dans les pays chauds

les bourgeons sont *nus*, c'est-à-dire qu'aucune enveloppe ne les protége, et que toutes les pièces qui les composent sont destinées à s'accroître.

Quand la plante végète dans des régions tempérées, les parties extérieures se transforment en écailles destinées à protéger les organes.

Ces écailles, qui s'embriquent les unes sur les autres, comme les tuiles d'un toit, permettent à l'eau de glisser sur la surface et abritent la jeune pousse contre le froid.

Dans les contrées du Nord, où l'hiver sévit rigoureusement, la nature a pris plus de précautions encore : les écailles se garnissent à l'intérieur d'un duvet fin et soyeux qui forme un chaud petit nid à la jeune pousse.

Les bourgeons, à l'époque où ils apparaissent, c'est-à-dire au mois de juillet, reçoivent des cultivateurs le nom d'*yeux* ou d'*œilletons*; on les appelle *boutons* vers la fin de l'automne, et ils constituent des bourgeons au printemps.

Ils peuvent contenir ou seulement des feuilles, ou seulement des fleurs, ou des feuilles et des fleurs à la fois.

D'après cette observation, faite uniquement sur des arbres fruitiers, on distingue les bourgeons à feuilles, les bourgeons à bois, et les bourgeons à fleurs ou à fruits.

On donne le nom de *turions* aux bourgeons souterrains des plantes vivaces qui naissent d'un rhizome, partent du collet de la racine et donnent naissance aux tiges annuelles. Les bourgeons qui se développent sur les rhizomes de l'asperge sont des turions.

On appelle *bulbille* de petits bourgeons écailleux qui naissent sur plusieurs parties du végétal, et qui, parvenus à maturité, se détachent pour s'enraciner dans la terre, et produire un végétal semblable à celui qui leur a donné naissance.

Les feuilles sortent des bourgeons, qui fournissent en même temps les jeunes pousses ou rameaux. D'abord incluses entre les lamelles écailleuses des bourgeons, elles s'en débarrassent à des époques variables pour chaque espèce, sous l'influence de la température.

Les feuilles contenues dans les bourgeons y présentent, avant leur entier développement, des arrangements divers, mais toujours constants pour toutes les plantes de la même espèce, souvent du même genre. Ainsi, elles se tiennent roulées en volute ou en crosse dans les fougères, plissées en éventail dans le groseillier et la vigne, roulées en spirales sur elles-mêmes dans l'abricotier, roulées en dedans ou en dessus dans le poirier, et pliées en longueur dans le syringa.

Tu as déjà vu que la trame organique des feuilles est formée par les fibres du pétiole, qui se divisent à l'entrée du limbe pour constituer les nervures, et que ces nervures se relient entre elles à l'aide d'une matière celluleuse ordinairement verte, qui est le parenchyme.

Les feuilles de plusieurs végétaux manquent de *pétiole*, c'est-à-dire qu'elles se fixent sur la tige par la base du limbe : on les appelle alors *sessiles*.

Le limbe de la feuille présente deux faces : une face supérieure, ordinairement plus lisse, plus colorée, couverte d'un épiderme épais, et offrant à peine quelques pores; et une face inférieure, de couleur plus pâle, face le plus souvent pubescente et recouverte d'un épiderme mince que criblent des pores ou stomates.

53.

La direction des nervures au milieu du parenchyme est d'une grande importance pour aider à la classification, car elle varie suivant les familles naturelles, et même suivant les groupes principaux.

Ainsi les plantes *cellulaires* ou acotylédonées manquent absolument de nervures (*fig.* 53). Les monocotylédonées ont les nervures parallèles entre elles et simples (*fig.* 54)

54 55

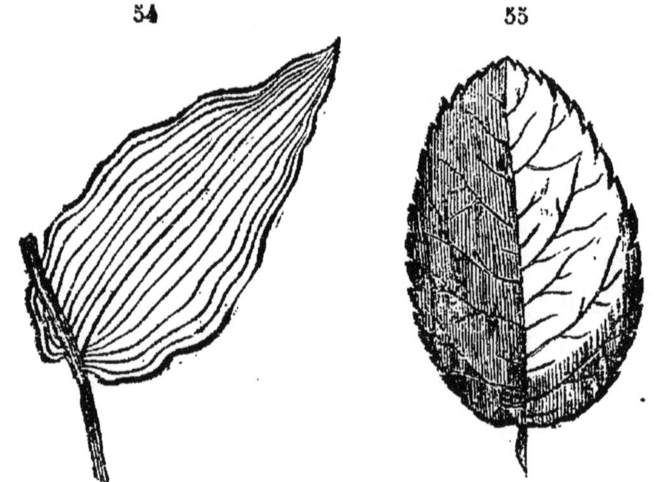

Chez les feuilles des plantes dicotylédonées, les nervures se ramifient de manière à constituer un véritable réseau (*fig.* 55).

Quelquefois les nervures se prolongent au delà du pourtour du limbe et se transforment en épines plus ou moins rigides et acérées, comme dans le houx.

Les feuilles offrent des formes aussi variées que les

fleurs. Les unes sont rondes, ovales, plus ou moins allongées, en cœur, en croissant, en forme de flèche.

Les autres sont rhomboïdales, trapézoïdes, triangulées, rubanées.

Quelques-unes sont *entières*, c'est-à-dire à bord lisse, sans sinuosité ni découpure.

Beaucoup ont leur bord découpé, crénelé et dentelé en scie (*fig.* 55).

On dit la feuille *simple*, lorsque le pétiole ne se divise pas avant son entrée dans le limbe, et que celui-ci se compose d'une seule pièce, quelle que soit d'ailleurs la profondeur de ses découpures (*fig.* 55).

On donne au contraire le nom de feuilles *composées* à celles dont le pétiole se divise en plusieurs branches ou *pétiolules* avant son entrée dans le limbe, comme dans la rue et la carotte (*fig.* 56);

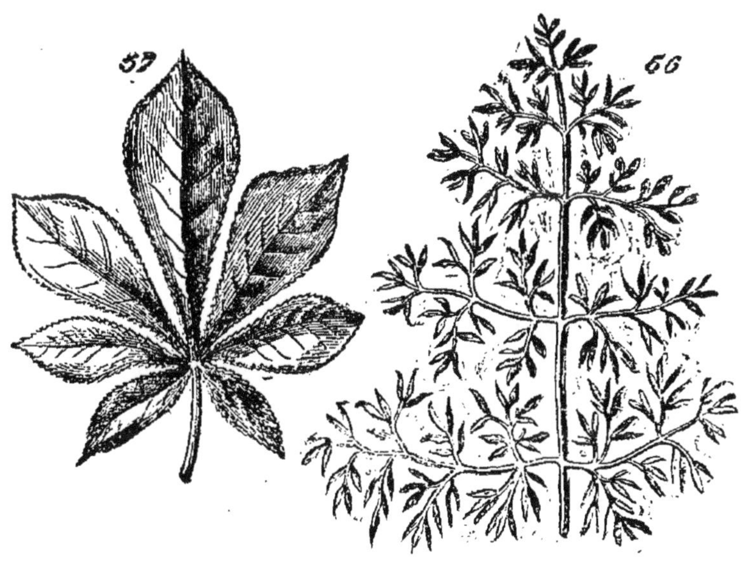

Ou aux feuilles dont le pétiole, simple d'abord, se

divise à son sommet en plusieurs nervures dont chacune porte un limbe distinct, comme dans le trèfle et le marronnier (*fig.* 57).

Sous le rapport de la durée, les feuilles sont :

Caduques, c'est-à-dire qu'elles tombent avant une nouvelle foliation;

Ou *persistantes*, c'est-à-dire qu'elles restent sur le végétal plus d'une année, comme dans les arbres toujours verts.

L'époque de la chute des feuilles, ainsi que celle de leur renaissance, varie selon les espèces; le plus souvent, les arbres qui se couvrent les premiers de feuilles s'en dépouillent aussi les premiers.

Cependant on compte quelques exceptions :

Ainsi, le sureau, qui pousse de bonne heure ses feuilles, les conserve fort tard, tandis que le frêne, qui pousse les siennes assez tard, les perd de bonne heure.

Les feuilles méritent de fixer notre attention, non-seulement parce qu'elles nous annoncent le retour du printemps et le renouvellement de la nature, mais encore à cause du rôle important qu'elles remplissent dans la vie du végétal et dans l'économie générale de notre monde.

Outre les organes importants dont je t'ai parlé jusqu'à présent, il en existe de secondaires, qui ne se rencontrent pas dans toutes les plantes.

Les uns, comme les *stipules*, protégent des parties plus délicates avant leur développement.

Les autres, comme les vrilles, les crampons, servent à soutenir la plante faible qui grimpe sur les corps voisins.

D'autres, tels que les épines, les aiguillons, deviennent des armes défensives dont la nature a muni le végétal contre les attaques des animaux.

D'autres enfin, comme les glandes et les poils, semblent destinés à sécréter des substances particulières.

Nous allons, si tu veux, les examiner successivement.

Les *stipules* sont des appendices en forme de feuille ou d'écaille qu'on trouve à la base des feuilles dans beaucoup de plantes dicotylédonées. Ordinairement au nombre de deux, elles se fixent de chaque côté du pétiole ; tu en as un exemple dans ce tilleul.

Leur figure varie comme celle des feuilles.

Les *vrilles* ou *mains* sont des appendices filamenteux à l'aide desquels certaines plantes s'accrochent et s'élèvent sur les corps environnants ; elles occupent ordinairement la place des pétioles ou des pédoncules, et paraissent même n'être que ces organes modifiés. Le pois et la vigne possèdent des vrilles.

Les *crampons* remplissent, sous le point de vue mécanique, les mêmes fonctions que les racines, et servent par conséquent à fixer quelques espèces végétales. Ainsi le lierre s'accroche au moyen de ses crampons sur les arbres et sur les murs; les algues marines, dépourvues de véritables racines, s'attachent aux rochers par des crampons. Ces crampons s'insinuent dans les plus petites anfractuosités, dans les moindres fissures, et diffèrent des vrilles en ce qu'ils ne s'enroulent pas en spirales autour de leurs appuis.

Les *épines*, excroissances dures et pointues, émanées des corps ligneux, ne peuvent se séparer de la plante qui les porte sans un véritable déchirement.

Les *aiguillons* diffèrent des épines en ce qu'ils ne

proviennent pas du corps ligneux. Simplement adhérents à l'épiderme, ils ne sont formés que de tissu cellulaire dense. Aussi peuvent-ils s'en détacher sans la moindre altération de l'écorce.

Le rosier et le groseillier n'ont que des aiguillons; l'acacia vulgaire et la ronce ont des *épines*.

Les *épines* sont, comme les vrilles, des organes im parfaits (rameaux, pétioles ou pédoncules), à qui la culture peut rendre et faire reprendre leur destination primitive. Dans plusieurs plantes épineuses sauvages, on voit, grâce à cette culture, les épines se transformer en rameaux qui portent des feuilles, des fleurs et même des fruits.

Les poils des productions cellulaires se voient sur presque toutes les parties des végétaux, et principalement sur les rameaux, les pétioles et la face inférieure des feuilles. Le plus souvent ces poils restent simples, mais d'autres fois ils affectent les formes les plus singulières.

On en voit d. ..ifurqués dans le draba (*fig.* 58 *b*),

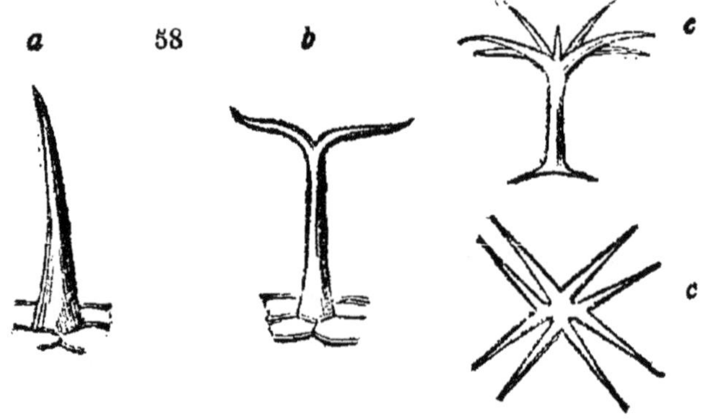

En étoile dans l'alyssum (*c c*),

En chapelet dans la belle-de-nuit,
En soleil dans l'eleagnus.

Les poils sont parfois *glanduleux*, c'est-à-dire que leur base se renfle en une vésicule qui a la propriété de sécréter un liquide particulier, comme les poils brûlants de l'ortie (*a*).

CHAPITRE QUINZIÈME.

NUTRITION, RESPIRATION ET ACCROISSEMENT DES VÉGÉTAUX

Maintenant que nous avons réglé notre compte avec l'anatomie botanique, abordons les problèmes intéressants de la nutrition et de la respiration.

Quelques notions élémentaires de chimie deviennent nécessaires pour bien comprendre les phénomènes de la vie végétale.

L'air atmosphérique qui enveloppe de toutes parts le globe terrestre, et au sein duquel vivent les êtres organisés, n'est pas un corps simple, un *élément,* comme on l'a cru longtemps.

C'est un fluide composé de deux gaz différents, l'*oxygène* et l'*azote.*

Une petite expérience fort simple t'instruira des propriétés principales de ces deux gaz.

Remplis d'eau cette assiette creuse, pose à la surface du liquide une rondelle de liége, une tranche de ce gros bouchon, par exemple, et sur celle-ci un petit bout de bougie allumée.

— Voilà qui est fait.

— Prends maintenant ce grand verre et retourne-le bien droit, de manière à emprisonner dessous la rondelle de liége et la bougie.

Tu vois que l'air renfermé sous le verre refoule l'eau

et la fait descendre beaucoup plus bas que son niveau dans l'assiette.

Examine maintenant avec attention ce qui va se passer.

Peu à peu l'eau rentre sous le verre et fait remonter le liége et la bougie. Remarque aussi que la flamme devient de plus en plus faible. La voilà réduite à un petit lumignon ; puis elle s'éteint.

L'eau, pendant ce temps, a continué de monter dans le verre, où son niveau s'élève bien au-dessus de celui qu'elle occupe dans l'assiette.

— Que s'est-il donc passé ?

L'un des deux gaz qui composent l'air, l'oxygène, a servi à entretenir la combustion de la bougie, et celle-ci a brûlé tant que le gaz a existé sous la cloche ; à mesure qu'il a diminué de volume, la flamme a diminué d'intensité, et, lorsqu'il a manqué tout à fait, la bougie s'est éteinte.

— L'oxygène est donc un gaz propre à la combustion ?

— Oui.

— Mais que reste-t-il sous le verre, car il s'y trouve quelque chose, puisque l'eau n'a pas continué de monter, ce qu'elle aurait fait si le verre avait été complétement vide ?

— L'autre gaz, l'azote, occupe le haut du verre. L'azote est impropre à la combustion. Et l'eau montée dans le verre pour y occuper la place de l'oxygène employé à la combustion de la bougie remplit environ le cinquième de sa capacité.

L'air est donc composé d'un cinquième de gaz oxygène

(en volume) et de quatre cinquièmes de gaz azote, ou, si tu l'aimes mieux, d'une partie en volume d'oxygène et de quatre parties d'azote.

Au lieu d'une bougie, si tu avais mis sur ton liége un petit animal, une souris ou un oiseau, les choses se seraient passées de même, c'est-à-dire que l'animal, après avoir absorbé l'oxygène renfermé sous le verre, se serait éteint au bout de quelques instants. D'où tu conclus ?....

— Que le gaz oxygène, ou plutôt l'air qui le renferme, est également nécessaire à la combustion des corps et à la respiration des animaux ; mais à quoi sert l'azote ?

— L'azote ne joue ici qu'un rôle négatif ; il ne semble mêlé à l'oxygène que pour en tempérer la trop grande énergie, car, si l'on plonge un animal dans l'oxygène pur, il ne tarde pas à y périr, après avoir donné des preuves d'une activité vitale plus qu'ordinaire.

L'oxygène ne se rencontre pas seulement dans l'air ; il existe également dans l'eau, qui, pas plus que l'air, n'est un corps simple.

Ici l'oxygène se combine avec un autre gaz que l'on nomme *hydrogène*, et ce dernier forme les deux tiers en volume de la combinaison.

L'oxygène existe encore dans toutes les matières végétales et animales et dans la plupart des minéraux combiné avec d'autres corps.

L'hydrogène, qui, par son union avec l'oxygène, forme l'eau, se combine avec beaucoup d'autres corps ; ainsi, uni à l'azote, il forme le gaz ammoniaque ou alcali volatil, dont on connaît l'odeur suffocante.

Ce dernier gaz se dégage des matières animales en décomposition, et même de certains végétaux : par parenthèse, il donne à l'eau dans laquelle on a fait bouillir des choux l'odeur infecte que tu connais et qui est de l'ydrogène sulfuré.

Le gaz ammoniaque se trouve mélangé à l'air en très-petite quantité, un deux-millième environ.

Lorsqu'on fait brûler une substance animale ou végétale solide, elle se réduit en charbon, après avoir laissé échapper une fumée plus ou moins intense. La fumée n'est autre chose que des huiles empyreumatiques de l'acide carbonique et de l'eau qui s'en dégagent à l'état de vapeur, et le charbon qui reste est du carbone impur.

Tous les corps animaux et végétaux et un grand nombre de matières minérales renferment du carbone. Ce gaz se combine très-facilement à l'oxygène, et forme avec lui un nouveau gaz que l'on nomme *acide carbonique*, gaz très-délétère, impropre à la combustion et à la respiration.

Si l'on plonge une bougie allumée dans un bocal rempli d'acide carbonique, elle s'éteint aussitôt ; tout animal soumis à la même épreuve périt asphyxié.

L'acide carbonique existe dans l'air atmosphérique, qui en contient environ un millième ; cette quantité, petite relativement, ne laisse pas que de jouer un rôle important dans la végétation.

Combiné avec l'hydrogène, le carbone produit presque toutes les huiles, les résines et les essences qui existent dans les végétaux.

Combiné avec la chaux, l'acide carbonique forme des terrains minéraux considérables, tels que la craie, le calcaire et les marbres.

Dans toutes les parties végétales, l'analyse chimique ne trouve que quatre corps élémentaires :

Le carbone,
L'hydrogène,
L'oxygène,
Et l'azote.

Mais ces quatre corps simples forment par leurs combinaisons diverses de nombreux composés, qui sont pour la plupart du carbone combiné à l'eau.

On trouve bien encore dans les végétaux différentes substances minérales que l'eau a pu dissoudre et transporter avec elle en s'introduisant par les racines, mais leur présence n'est qu'accidentelle et variable.

Donc le carbone joue dans la végétation le rôle important d'aliment principal des plantes. L'acide carbonique, qui forme, comme je te l'ai dit, à peu près la millième partie de l'atmosphère, renferme environ 27 centièmes de carbone. Il te semble peut-être que ce n'est pas là une source bien abondante pour l'alimentation de la masse des végétaux qui couvrent le globe terrestre?

— En effet, je le pensais.

— Eh bien! donne-toi la peine de calculer le volume de cette très-petite fraction de l'atmosphère, et tu verras qu'elle forme encore un réservoir plus que suffisant pour alimenter surabondamment toute la végétation de la terre; tu trouveras pour résultat *quatorze mille billions* de kilogrammes de carbone, c'est-à-dire un poids bien supérieur à celui de toutes les plantes qui couvrent le globe.

— Dis-moi maintenant comment s'effectuent les fonctions au moyen desquelles la plante entretient son existence et donne de l'accroissement à ses diverses parties.

— Nous avons étudié les phénomènes de la germination, et tu as vu que la plante, dès qu'elle cesse de trou-

14.

ver sa nourriture dans les cotylédons, la puise directement dans le sol et dans l'air.

Alors seulement la nutrition proprement dite commence.

Les racines sont les organes principaux de l'absorption ; elles pompent dans le sein de la terre les liquides dont celle-ci se trouve imprégnée.

Mais ce n'est pas par tous les points de la racine que l'absorption a lieu ; elle s'exerce uniquement par l'extrémité des radicelles.

Une expérience facile le démontre.

On arrose les racines avec un liquide coloré, et, peu de temps après, on voit que leur tissu a changé de couleur et que les radicelles seules ont opéré la succion.

Les plantes s'approprient et s'assimilent les substances nutritives essentielles à leur existence.

— Comment le liquide atteint-il le sommet du végétal ?

— On attribuait autrefois le mouvement ascensionnel de la séve à la capillarité ; mais on sait aujourd'hui que cette force ne peut produire le transport du liquide jusqu'aux parties les plus élevées de la plante, c'est-à-dire souvent à cent cinquante ou deux cents pieds de haut.

C'est par le phénomène de l'*endosmose* qu'on l'explique maintenant, et voici une expérience qui ne laisse aucun doute à cet égard.

On prend un tube de verre ouvert à ses deux extrémités, et à l'un des bouts on adapte un petit sac formé par une membrane organique (un morceau de vessie, par exemple, ou une pellicule végétale) ; on verse ensuite dans ce sac une certaine quantité d'eau gommée, et l'on place le tube garni de son sac dans un vase contenant de l'eau, colorée en rouge au moyen d'un peu de carmin, afin de mieux pouvoir suivre la marche du phénomène.

Voici ce que l'on ne tarde pas à observer :

La communication s'établit entre les deux liquides à travers la membrane, et bientôt l'eau gommée se colore par l'addition de l'eau carminée.

Toutefois, comme cette dernière a moins de densité que l'eau gommée, elle passe plus facilement à travers la membrane, et le niveau intérieur du tube devient beaucoup plus élevé que celui du vase dans lequel il plonge.

Cependant, les deux liquides tendant à se mettre en équilibre de densité, il en résulte deux courants en sens contraire, l'un de dehors en dedans de l'eau colorée vers l'eau gommée, et l'autre de dedans en dehors de l'eau gommée vers l'eau carminée.

L'eau du tube ne cesse de monter que lorsque sa densité ne surpasse plus celle de l'eau du vase, ce qui arrive au moment où celle-ci a reçu une quantité suffisante de gomme.

Suppose maintenant une série de tubes semblables au premier, placés au bout les uns des autres et remplis de substances également denses.

Tu comprendras que l'eau gommeuse du premier tube, quand elle aura été augmentée et délayée par l'addition de l'eau colorée du vase extérieur, deviendra moins dense que celle du tube placé au-dessus d'elle, et tendra à s'y infiltrer pour rétablir l'équilibre de densité.

Le second tube agira de même sur le troisième, celuiet sur le quatrième, et ainsi de suite jusqu'au dernier, quel qu'en soit le nombre.

L'absorption exercée par les racines devient maintenant facile à expliquer.

En effet, les racines et les tiges, composées de séries de tubes ou vaisseaux et de cellules, communiquent les uns avec les autres.

Les vaisseaux des racines plongent dans le sol humide, qui représente le vase contenant l'eau colorée, et comme les cellules auxquelles ils communiquent sont remplies de sucs plus denses que l'eau dont la terre est imbibée, celle-ci pénètre à travers leurs membranes, augmente le volume des sucs en diminuant leur densité et les fait monter dans les vaisseaux, d'où ils passent de proche en proche jusqu'à l'extrémité des tiges les plus déliées et les plus éloignées du végétal.

La présence de l'eau est donc indispensable à la vie des plantes.

Les racines puisent ce fluide dans le sol, et ne s'y enfoncent que pour le rencontrer; elles s'en montrent tellement avides qu'en rencontrant un filet d'eau, leur extrémité s'allonge et se divise en ramifications capillaires pour mieux absorber le précieux liquide.

On se tromperait, néanmoins, en supposant que l'eau seule puisse suffire à la nutrition des végétaux.

Si elle permet la germination et même l'accroissement, elle reste insuffisante à la maturation des fruits.

Lorsque l'eau chargée des gaz et des substances minérales qu'elle a dissoutes a pénétré dans la plante, elle prend le nom de *séve ascendante*. Cette séve, en montant, s'épaissit de tous les matériaux contenus dans les cellules, qu'elle délaye et dissout, et elle s'élève avec une force extraordinaire, sollicitée non-seulement par l'endosmose, mais encore par d'autres forces.

La *capillarité* est l'une de ces forces.

L'expérience nous apprend que dans les tubes très-fins, qu'on nomme capillaires parce qu'on les compare à celui d'un cheveu (en latin *capillus*), la paroi interne du canal exerce sur le liquide qu'il contient une sorte d'attraction qui détermine l'ascension du liquide.

La plupart des vaisseaux qui constituent la fibre végétale sont autant de tubes capillaires qui exercent sur le liquide qu'ils contiennent cette action qui le fait monter à une certaine hauteur, et qui s'ajoute à celle de l'endosmose.

Si tu plonges dans une eau colorée le bout d'une branche nettement coupée, ce liquide pénétrera par les orifices béants des vaisseaux, et montera, par l'effet de la capillarité, jusqu'à un certain point.

Mais il ne montera pas au delà, comme tu t'en assureras au bout d'un certain temps, en faisant des incisions sur la branche à différentes hauteurs.

Il devient évident que le liquide vert s'arrête là où cesse la coloration.

En outre de l'endosmose et de la capillarité, les bourgeons qui garnissent la partie supérieure de la plante exercent une attraction puissante pour attirer la nourriture nécessaire à leur développement.

On vérifie aisément le fait sur certaines lianes des tropiques gorgées d'une séve abondante.

Ce liquide, frais et agréable au goût dans le *cissus hydrophora*, fournit de grandes ressources aux voyageurs et aux chasseurs qui traversent les forêts de ces régions brûlantes; aussi a-t-on donné à la plante qui le produit le nom de *liane des voyageurs* ou *liane à eau*.

Si l'on coupe transversalement la tige du végétal à une seule hauteur, il sort des deux surfaces de la coupure une petite quantité de liquide; il continue à monter rapidement dans la partie supérieure, et l'on peut s'assurer que les vaisseaux se vident de bas en haut.

Cette ascension ne peut s'attribuer à l'action des racines, puisque la partie supérieure s'en trouve séparée, et les vaisseaux sont d'un diamètre beaucoup trop gros pour que la capillarité ait ici la moindre influence.

Il faut donc que la cause de cette attraction prenne son siége dans la partie supérieure de la plante. On en trouve la preuve en coupant la tige à deux hauteurs différentes, de manière à en détacher un fragment d'une certaine longueur, au-dessous de la portion où sont les bourgeons; alors la séve coule avec abondance par la partie inférieure du tronçon détaché.

D'un autre côté, les feuilles, dont la surface est le siége d'une évaporation abondante, déterminent des vides que remplit la séve occupant les parties placées immédiatement au-dessous.

Il s'établit ainsi un tirage de haut en bas jusqu'aux racines plongées dans le sol qui leur sert de réservoir.

Évidemment, l'état de l'air chaud ou froid, sec ou humide, la présence ou l'absence du soleil, doivent exercer une influence très-grande sur l'évaporation des végétaux.

Au printemps, dès que la chaleur nécessaire à l'exercice de la vie chez les végétaux commence à s'établir, les bourgeons sortent les premiers de l'engourdissement causé par l'hiver. Aussitôt qu'ils commencent à grossir, leur appel réveille les racines, et celles-ci recommencent à fonctionner avec activité.

Alors la séve surgit avec une force et une abondance extraordinaires.

Tu peux t'en assurer en pratiquant sur une tige une entaille, d'où tu verras l'eau s'écouler comme d'une fontaine.

Les *pleurs de la vigne*, qui sortent en abondance de la tige à l'époque de la taille, en fournissent un exemple.

Le célèbre physiologiste anglais Hales a calculé que la force qui pousse ainsi la séve dans la vigne est cinq fois plus grande que celle qui pousse le sang dans la grosse artère du cheval.

Les bourgeons se développent; l'arbre, dépouillé par l'hiver, se couvre de feuilles dont l'action vitale se joint à celle de l'endosmose et de l'attraction des bourgeons.

Telle est cette action qu'on a constaté qu'une touffe de feuilles conservée au sommet d'un arbre suffit pour déterminer l'attraction et l'ascension complète d'un liquide qu'on met en rapport avec le tronc coupé.

L'industrie tire parti d'une pareille puissance attractive pour faire monter dans le bois des liquides tenant en dissolution certaines matières propres à le colorer, à le durcir et même à le rendre incombustible.

Les rameaux et les feuilles une fois développés, le mouvement de la séve se ralentit.

Pendant l'été, il n'a plus pour objet que l'équilibre des produits et des pertes; la séve ne fait donc plus que subvenir aux dépenses journalières de la plante et préparer des matériaux pour la végétation de l'année suivante.

Dans les années précoces, et quand la séve de printemps fonctionne de bonne heure, ces matériaux se trouvent prêts avant l'automne. Alors, les bourgeons formés trop tôt se développent, et avec eux se renouvellent les phénomènes du printemps, c'est-à-dire une ascension abondante de séve, à laquelle on donne le nom de *séve d'août.*

A l'automne, les tissus, solidifiés de plus en plus, se dessèchent; les feuilles, dont les canaux s'obstruent par l'accumulation des matériaux, cessent de végéter et tombent; l'évaporation s'arrête, et avec elle le mouvement de la séve.

La plante arrive ainsi à un état de repos presque complet, dans lequel la vie semble suspendue. Cet état dure pendant les mois d'hiver. Tu comprends bien que dans les régions tropicales les intervalles de repos deviennent pour ainsi dire nuls, et que le mouvement de la séve continue.

La séve ne suit pas invariablement la même route dans sa marche ascendante; celle du printemps envahit tous les tissus, remplit les cellules, les vaisseaux et chaque interstice du corps ligneux; mais, dans les rameaux âgés, c'est à travers l'aubier seulement qu'elle monte.

Plus tard, la plupart des vaisseaux restent vides ou occupés par des gaz, et la séve, pour entretenir la végétation, se trace un chemin à travers le tissu cellulaire.

La séve, chargée des matériaux qu'elle a dissous sur sa route, quand elle parvient aux jeunes rameaux, pénètre dans leur moelle corticale, et jusque dans le parenchyme des feuilles. Celles-ci se trouvent en rapport immédiat avec l'air extérieur, au moyen des stomates nombreux dont elles sont pourvues, et la séve subit sous son influence d'importantes modifications.

Le fluide nutritif perd d'abord une partie de son eau, qui s'évapore à l'extérieur; puis, épaissi et enrichi de principes nouveaux, il descend des feuilles à travers l'écorce vers les racines.

On s'assure aisément de cette marche descendante de la séve, si l'on pratique une forte ligature autour de la tige d'un jeune arbre.

Au bout d'un certain temps l'écorce se gonfle et forme un bourrelet au-dessus de la ligature, tandis que la tige au-dessous conserve son diamètre primitif.

On donne à cette séve en retour le nom de *séve descendante.*

Cette séve, qui a subi le travail organique, et que pour cela on appelle parfois séve *élaborée,* fournit le *cambium* destiné à former les organes élémentaires qui concourent à l'accroissement du végétal.

Le cambium se dépose entre les couches ligneuses et l'écorce, en dedans des fibres du *liber,* à travers lesquelles s'achemine la séve descendante.

Ainsi donc, il y a dans les végétaux une circulation véritable comme chez les animaux.

L'eau du sol contenant les matériaux de la nutrition du végétal (gaz hydrogène, oxygène, carbone et particules organiques) s'absorbe par les extrémités des racines.

Elle monte dans la tige à travers le système ligneux,

arrive dans les bourgeons par le parenchyme des feuilles, y subit l'action de l'air,

Devient *séve élaborée*,

Redescend à travers l'écorce,

Dépose entre le liber et l'aubier une zone de cambium qui doit former une nouvelle couche d'aubier,

Et revient à l'extrémité des racines, son premier point de départ.

Rappelle toi ce que je t'ai dit de l'air atmosphérique. Sur cent parties, il renferme 79 d'azote pour 21 d'oxygène, plus un millième environ de gaz acide carbonique, composé lui-même de huit parties en poids d'oxygène pour trois de carbone.

Or, c'est aux dépens de cette petite quantité de gaz acide carbonique que s'exerce la respiration des plantes.

— Et les plantes respirent ainsi, pour répéter les propres expressions dont tu te servais tout à l'heure, comme les animaux ?

— Pas absolument comme les animaux, mais elles ont une respiration facilement appréciable.

Pour te faire comprendre le mécanisme de la respiration des plantes et t'expliquer en quoi elle diffère de la respiration des animaux, apprends d'abord comment s'effectue cet acte important chez ces derniers.

Dans les animaux, le suc nourricier provenant de la digestion aboutit par des vaisseaux particuliers nommés lactés dans le système veineux, où il se mêle avec le sang.

Pour que le sang devienne propre à nourrir les parties, il faut qu'il se mette en contact avec l'air, ce qui a lieu dans les poumons par l'acte de la respiration.

L'oxygène de l'atmosphère se combine avec l'hydrogène et le carbone du sang et s'exhale en partie avec eux sous forme d'eau et d'acide carbonique.

Les artères reprennent alors le sang revivifié et chargé d'oxygène et qui s'introduit dans les organes de l'animal, où il se combine avec le carbone des tissus pour former une nouvelle quantité d'acide carbonique, ensuite exhalée par la respiration comme la précédente.

Les animaux consomment donc une énorme quantité d'oxygène et respirent de l'acide carbonique.

Le contraire a lieu chez les végétaux, puisque ceux-ci décomposent l'eau et l'acide carbonique pour s'assimiler le carbone nécessaire à leur nutrition et laissent échapper l'oxygène.

Les plantes absorbent l'acide carbonique, non-seulement par leurs racines dans l'eau du sol, mais encore par leurs feuilles dans l'air atmosphérique, au moyen de leurs stomates.

Elles possèdent de plus la faculté de décomposer cet acide carbonique de manière à en conserver le carbone et à rendre l'oxygène à l'atmosphère.

On a constaté par de nombreuses expériences que cette faculté de décomposition réside exclusivement dans es feuilles et dans les parties vertes des végétaux, et u'elle ne s'exerce que sous l'influence de la lumière olaire.

Tu t'en convaincras en plaçant un paquet de feuilles raîches sous une cloche contenant de l'eau qui tient en issolution de l'acide carbonique, et en l'exposant à la umière du soleil.

Au bout de quelque temps, l'acide carbonique aura

complétement disparu et sera remplacé par un volume égal d'oxygène.

Les feuilles ont donc décomposé l'acide carbonique, gardé le carbone et rejeté l'oxygène.

Les animaux absorbent l'oxygène qui revivifie leur sang et rejettent à l'état de gaz acide carbonique les particules vieillies de leur économie.

Les plantes s'assimilent au contraire ce même gaz carbonique, nécessaire à leur nutrition, et rejettent l'oxygène comme un superflu nuisible à leur organisme.

— C'est là, je le comprends, le principe d'une des plus merveilleuses harmonies de la nature.

— Oui, car, en effet, si les plantes n'étaient pas une source inépuisable d'oxygène et ne réparaient pas incessamment, par leur exhalation, les pertes que l'acte respiratoire des animaux fait éprouver à l'atmosphère, la vie deviendrait bientôt impossible sur le globe.

— Si donc les plantes travaillent au bien-être des animaux, ceux-ci à leur tour coopèrent au développement des végétaux, en exhalant dans l'atmosphère le gaz carbonique dont les végétaux sont avides.

— Equilibre admirable qui assure, dans les deux règnes organiques, la durée des espèces en préservant les individus !

Les parties vertes des végétaux ne décomposent l'acide carbonique que sous l'influence de la lumière.

Cette faculté cesse la nuit ou dans l'obscurité.

Alors l'acide carbonique, absorbé avec l'eau du sol par les racines, passe dans la tige et reste en dissolution dans la sève; mais bientôt cette eau s'évapore à travers les feuilles, entraînant avec elle l'acide carbonique qui s'y trouvait dissous.

Les plantes n'absorbent donc point le carbone pendant la nuit; elles rendent par l'exhalation de leurs feuilles l'acide carbonique pris par leurs racines, et n'expirent pas d'oxygène.

Il semble donc que l'effet produit sur l'air par les végétaux pendant la nuit doit détruire en partie l'effet produit pendant le jour.

L'expérience démontre que le gain diurne de carbone outre-passe considérablement la perte nocturne, et que tout l'acide carbonique expiré par les animaux trouve son emploi.

Lorsqu'en hiver la végétation s'arrête dans nos climats, les courants de l'air atmosphérique rendent à l'air que nous respirons l'oxygène qui lui manque et que produisent en abondance les forêts tropicales.

La lumière exerce une influence considérable, non-seulement sur la respiration des plantes, mais encore sur leur coloration et sur la formation de leurs sucs propres.

Les plantes que l'on tient constamment dans l'obscurité ne tardent pas à s'étioler; la *chromule* ou matière verte ne s'y développe point, non plus que les sucs propres, les résines et les huiles essentielles que produisent certaines plantes.

On en a la preuve dans cette pratique, familière aux jardiniers, d'élever dans l'obscurité des plantes potagères qui, cultivées à la lumière libre, auraient des sucs d'une saveur trop âcre, et souvent même d'un usage dangereux, comme plusieurs ombellifères par exemple.

C'est ce qu'ils appellent faire *blanchir*, parce que la plante perd en partie sa couleur verte.

Une évaporation active s'exerce par toute la surface poreuse des parties vertes du végétal, et, comme tu l'as vu, cette évaporation est une des principales causes de l'ascension de la séve.

Dans les végétaux, comme dans les animaux, lorsque l'individu a reçu à l'intérieur les matières venant du dehors, qu'il en a tiré, élaboré, tout ce qui pouvait servir à sa nutrition, il tend à se débarrasser des parties impropres à cette destination, à les *excréter*, pour nous servir de l'expression consacrée par la science.

Les animaux sont en général pourvus de canaux spéciaux pour l'excrétion de ces matières.

Chez les végétaux il n'en est pas ainsi.

Les matières qui doivent être rejetées ne trouvent d'autres voies ouvertes que celles mêmes qui servent à la transmission des matières nutritives.

Il ne faut pas confondre parmi les matières excrétées les sucs propres, les résines, les gommes, qui, sécrétés dans certaines parties du végétal, se font jour au dehors lorsque leur abondance devient trop grande.

Les véritables excrétions sont les matières impropres, ou même nuisibles à la nutrition de la plante et les vapeurs aqueuses exhalées par les feuilles qui se condensent en rosée.

La racine paraît remplir la double fonction d'absorber dans le sol les sucs nutritifs qui constituent la séve montante, et de rejeter les matières que lui apporte la séve descendante qui n'ont pas été assimilées.

Ces résidus, rejetés au dehors, expliqueraient les antipathies et les sympathies qui se remarquent entre certaines plantes, dont les unes seraient empoisonnées ou nourries par les excrétions des autres.

On en a déduit une théorie des assolements, c'est-à-dire de la succession des cultures différentes que l'agriculteur doit remplacer annuellement l'une par l'autre, s'il veut tirer du même terrain plusieurs bonnes récoltes successives.

Beaucoup de végétaux sécrètent des sucs propres particuliers, des gommes, des résines, des huiles fixes, des matières sucrées, dont les arts et l'industrie font usage.

Le frêne à fleurs de la Calabre laisse suinter un liquide épais et sucré qui se concrète et forme la manne; un palmier de l'Amérique méridionale, le *ceroxylon*, donne une cire que l'on emploie très-avantageusement dans le pays ; on tire du pin, du sapin, du mélèze, des quantités considérables de résines. Le miellat, que l'on trouve sur les feuilles de certains arbres de nos forêts, est aussi une sécrétion du même genre, comme la poussière glauque ou la *fleur* qui recouvre certains fruits (prunes, raisins).

Les feuilles et les racines sécrètent aussi des liquides dont on tire parti, surtout en médecine.

Maintenant que nous avons étudié les phénomènes de la nutrition, il nous reste à connaître l'*accroissement*, sa conséquence naturelle.

Rappelle-toi que les tiges croissent de bas en haut;

Les racines en sens inverse;

Que les premières présentent une moelle et un étu

médullaire, composé en partie de trachées déroulables qui manquent aux secondes;

Que plus tard, entre l'étui et l'écorce, s'interposent de nouvelles fibres,

Et que, de cette interposition, qui se répète chaque année, résulte l'accroissement en épaisseur.

Mais quelle est l'origine de ces fibres? C'est là une question depuis longtemps et encore longuement discutée; je vais te donner une idée de la théorie de Dupetit-Thouars, la plus généralement acceptée aujourd'hui.

Je t'ai déjà fait entrevoir l'analogie qui existe entre la graine et le bourgeon. Celui-ci peut être considéré comme un embryon, et il se développe en une branche semblable à la tige, résultée du développement de l'embryon.

Celui-ci, fixé à la terre, a, en germant, produit à sa partie inférieure des racines chargées de pomper sa nourriture.

Certains bourgeons, parvenus à leur maturité, se détachent de la tige, imitent les vrais embryons et poussent également des racines.

Je te reparlerai plus tard de ce genre de reproduction.

Revenons aux bourgeons qui restent fixés sur la tige et qui nous semblent devoir être privés de racines.

Dupetit Thouars nie cette absence de racines;

Il prétend que les racines de ces bourgeons fixés à la tige, sont justement les fibres qui se forment entre l'écorce et l'étui médullaire.

En effet, ceux-ci ne se montrent qu'après les premières évolutions des bourgeons.

On peut les suivre depuis la base des bourgeons jusqu'à l'extrémité des racines de la plante, où ils courent dans l'interstice de l'écorce et de l'étui.

Le cambium, dans cette hypothèse, serait le fluide nourricier des racines et des bourgeons.

Enfin chaque année, une nouvelle production de ces embryons fixes déterminerait ainsi une nouvelle émission de faisceaux radiculaires correspondants, dont l'ensemble ajouterait une couche au bois et de nouvelles ramifications aux racines.

Les feuilles agissent par rapport au rameau comme les bourgeons par rapport à la tige qui les porte.

Chacune d'elles constitue une sorte d'individu végétal séparé, qui émet des faisceaux et des fibres représentant sa racine.

L'auteur de cette théorie ingénieuse se fonde :

Sur l'analogie de structure du bois proprement dit de la tige ;

Sur celle du bois des racines qui, tous deux, sont dépourvus de trachées en spirales ;

Et sur la continuité des faisceaux du bois de la tige avec ceux du bois de la racine qui, formée postérieurement, a dû, par conséquent, l'être par des faisceaux, suivant une marche descendante.

La marche descendante du bois se reconnaît facilement dans les points où elle rencontre des obstacles.

Ainsi, en faisant autour de la tige une forte ligature, on voit se former au-dessus de cette ligature un bourrelet épais,

Tandis qu'il ne s'en montre pas au-dessous.

Si l'on enlève un anneau d'écorce sur une tige, de manière à ce qu'il ne se trouve ni branche ni bourgeon au-dessous de la plaie, et si l'on a fait celle-ci assez large pour que ses bords ne puissent se rejoindre, on voit toute la portion supérieure du végétal continuer à s'accroître en épaisseur par la production régulière des fibres ligneuses,

Tandis que la formation et l'accroissement du bois s'arrêtent dans la portion située au-dessous de la décortication annulaire.

Si la place n'est pas circulaire, les faisceaux de fibres contournent les bords pour reprendre au-dessous leur marche verticale.

En outre, des sucs élaborés et en partie organisés (le *cambium*), des tissus fluides encore, se forment et se solidifient en descendant des bourgeons sur les rameaux, des rameaux sur les tiges, et des tiges sur les racines par un mode d'allongement analogue à celui des racines.

L'accroissement en hauteur se produit aussi.

Tu as vu que la plantule sortant de la graine se compose d'un système ascendant (tige et feuille) et d'un système descendant (racine).

Quand le premier bourgeon se développe au-dessus des cotylédons, il s'allonge un premier entre-nœud que terminent une ou plusieurs feuilles ;

Cet entre-nœud est pour ces feuilles ce que la tigelle était pour les cotylédons;

Ils forment donc le système ascendant d'une seconde tigelle dont le système descendant ou la racine ne peut parvenir à la terre qu'à travers la tige de la première, qu'elle parcourt sous forme de filets fibreux en dedans de l'enveloppe corticale.

Il en est de même pour toutes les feuilles et tous les bourgeons successifs.

Chacun d'eux est porté par son entre-nœud et envoie des filets radiculaires à travers tous les entre-nœuds placés au-dessous de lui.

Ainsi la tige consiste en une suite de tigelles unies bout à bout, et dont chacune est enveloppée par les faisceaux radiculaires de toutes celles qui sont situées au-dessous d'elle.

Nous avons étudié la reproduction des plantes par fécondation, au moyen des organes dont la nature les a pourvues pour assurer la perpétuité des espèces végé tales.

Mais, bien que ce mode de reproduction soit le plus habituel chez les plantes, il n'est pas le seul que la nature ait mis à leur disposition.

On voit souvent la puissance reproductive se développer dans les organes les plus étrangers en apparence aux phénomènes générateurs, et par les seules forces de l'organisme végétal.

Les racines dépourvues de bourgeons ne peuvent reproduire un individu ; mais, lorsqu'elles produisent des bourgeons adventifs, ou qu'elles conservent un fragment de tige, elles deviennent propres à multiplier la plante.

— On voit ce phénomène dans le tubercule du dahlia et de la pomme de terre, interrompit Paul.

— Les tiges, continua Adolphe, ne peuvent également reproduire la plante que par leurs bourgeons.

Les bourgeons réguliers se forment à l'aisselle des feuilles, et ils y existent toujours, même lorsqu'on ne les distingue pas à l'aide de la vue.

Ces bourgeons, placés dans des circonstances favorables, peuvent reproduire la plante.

Le bourgeon diffère physiologiquement de la graine, en ce qu'il *propage l'individu*, tandis que la graine ne *multiplie que l'espèce.*

Certains bourgeons se désarticulent spontanément de la tige qui les porte ; on leur donne le nom de *bulbilles.*

Quand les bourgeons, détachés de la tige mère, se trouvent placés dans des circonstances qui conservent leurs forces vitales, ils enfantent des racines en dessous et une tige en dessus, comme l'embryon des graines.

On donne le nom de *drageons* aux branches nées sur les racines des plantes que l'on isole avec une partie de leur support. Ces drageons, mis en terre, se développent et forment des végétaux complets. On propage ainsi la vigne et l'olivier.

On nomme *marcotte* une branche que, sans la séparer de la plante mère, l'on provoque à pousser une racine.

Pour cela, on environne de terre humide ou de coton mouillé son extrémité libre, et l'on y fait une incision annulaire ou une ligature qui favorise le développement des racines adventives ;

La branche, alors séparée du tronc et plantée en terre, devient une nouvelle plante.

On donne le nom de *bouture* à toute partie séparée d'un végétal capable de produire des racines et des branches nouvelles.

On désigne, sous le nom commun de *greffes*, les moyens artificiels de reproduction qui consistent à implanter sur un individu, soit une branche, soit les rudiments d'une branche fournie par un autre individu.

L'expérience a démontré que, pour réussir, la greffe a besoin :

D'un sujet analogue, c'est-à-dire dont la séve soit produite vers la même époque de l'année;

Dont les sucs soient de même nature;

Et dont les vaisseaux aient une organisation identique.

Il faut, en outre, que les tissus semblables de la greffe et du sujet s'unissent, l'écorce avec l'écorce, le cambium avec le cambium, l'aubier avec l'aubier.

Je vais te parler encore de quelques phénomènes singuliers que l'on observe chez les plantes.

On voit, en certaines circonstances, les organes végétaux exécuter des mouvements plus ou moins marqués.

Les feuilles dirigent constamment vers le ciel leur face interne, et vers le sol leur face externe. Si l'on tord leur pétiole pour tourner la face supérieure en bas, la feuille tend toujours à se retourner. Lorsque, par exemple, en palissant un arbre d'espalier, on fixe une branche de manière que la face inférieure des feuilles regarde le ciel, toutes les feuilles se retournent peu à peu et reprennent leur position naturelle.

Ce mouvement des feuilles ne dépend ni de l'air ni de la lumière, car il se produit également dans l'eau et à l'obscurité.

Le plus souvent cependant l'état de l'atmosphère

provoque chez les feuilles et les fleurs ces mouvements singuliers.

Tout le monde sait que l'hélianthe, ou soleil, tourne constamment ses grandes fleurs vers l'astre du jour, et qu'une foule de plantes rustiques suivent également le cours du soleil.

Je ne sais si tu as fait une remarque, fort singulière au premier abord : c'est que si l'on entre le soir dans une prairie, en regardant le couchant, on n'y voit qu'un fort petit nombre de fleurs; cela provient de ce que presque toutes sont tournées vers le soleil couchant. De même, lorsqu'on se dirige vers la prairie au matin, en regardant l'orient, on n'y aperçoit que fort peu de fleurs, parce que toutes sont tournées vers le soleil levant.

Certaines plantes possèdent des propriétés de sensibilité qui tiennent du prodige.

Si l'on touche, avec la pointe d'une aiguille, les filets des étamines de l'épine-vinette, si commune dans nos haies, on les voit aussitôt frémir et se serrer contre le pistil, puis reprendre leur position normale au bout de quelques instants.

Mais aucune plante ne donne des signes plus extraordinaires d'une apparente sensibilité que la *mimeuse pudique*, que tout le monde connaît sous le nom de *sensitive* (*fig*. 59).

Les causes les plus légères, une faible secousse, un peu de vent, le passage d'un nuage orageux, le dégagement de vapeurs irritantes, même la projection d'une ombre, suffisent pour faire abaisser subitement toutes ses solides; elles se rabattent en s'embriquant les unes sur les autres le long de leur pétiole qui s'incline à son tour. Peu de temps après la cessation de la cause irritante, la plante sort de cette espèce de défaillance ; toutes ses parties se raniment et reprennent leur position première.

Une goutte d'acide, appliquée avec toute la légèreté possible sur une feuille de la mimeuse, provoque les mêmes phénomènes, bien que le tissu reste le plus souvent intact ; les mouvements de la plante deviennent d'autant plus énergiques que la causticité des agents chimiques est plus vive. On croirait volontiers que la plante éprouve des sensations douloureuses.

Ce qui semble prouver en faveur d'une espèce de sentiment de la plante, c'est qu'elle s'accoutume peu à peu à l'action d'une cause irritante.

Le botaniste Desfontaines ayant placé une sensitive dans une voiture, la vit, comme il s'y attendait bien, fermer précipitamment toutes ses feuilles dès que l'ébranlement du véhicule se fit sentir. Bientôt, cependant, il constata que, malgré le mouvement continu de la voiture, la plante, comme si elle revenait de sa frayeur, rouvrait peu à peu ses feuilles pour les tenir étalées comme d'habitude. Après quelque temps d'arrêt, la voiture se remit en marche, la sensitive ferma de nouveau toutes ses feuilles et ne les rouvrit qu'après s'être familiarisée de nouveau avec le mouvement de la voiture.

Il te semble, n'est-ce pas, qu'après des phénomènes aussi singuliers, et tellement en dehors de ce que l'on est en droit d'attendre de la part d'une plante, il ne peut exister rien de plus extraordinaire dans tout le règne végétal ? Eh bien, voici qui surpasse tout ce qui, jusqu'à présent, a excité ton admiration.

C'est une petite plante qui vit dans les marécages de l'Amérique septentrionale, et que l'on a nommée *dionée attrape-mouche*. Ses feuilles (*fig.* 60), disposées en rosettes vers le bas de la tige qui porte les fleurs, se terminent par deux lobes arrondis qui ne tiennent à la feuille que par la nervure médiane ; entre ces deux lobes s'étend une charnière qui les réunit. Les bords de ces deux palettes, garnis de cils, et hérissés de petites pointes à leur surface, se trouvent constamment enduits d'une liqueur visqueuse qui attire les insectes et surtout les mouches.

Lorsqu'un de ces insectes se pose sur un des lobes, la dionée les rapproche vivement l'un de l'autre, comme un livre ouvert que l'on referme, et retient l'insecte prisonnier. Plus la mouche s'agite, plus la plante resserre sa feuille, jusqu'à ce que, étouffée par la pression ou poignardée par les piquants, la bestiole ne bouge plus; alors les deux palettes de la dionée s'ouvrent et s'étendent de nouveau en attendant une nouvelle victime.

Un naturaliste anglais, Curtis, a remarqué que si l'insecte restait piqué sur le lobe ou enlacé dans les cils qui garnissent ses bords, il ne tardait pas à se dissoudre entièrement, de sorte que cet insecte, qui comptait se nourrir du suc de la plante, servait lui-même à la nutrition du végétal.

— C'est vraiment merveilleux! Cela donnerait à penser que les végétaux, malgré leur immobilité apparente et leur vie apathique, seraient doués d'intelligence, ou tout au moins d'instincts aussi développés que beaucoup d'animaux. Il me semble que l'huître, qui passe toute sa vie fixée sur un rocher, ne mène pas une vie plus active que plusieurs des plantes dont tu m'as conté l'histoire

— Cela est vrai : les plantes offrent de nombreux points de ressemblance avec les animaux. C'est ce qui faisait dire plaisamment au savant Bonnet, qu'il était, en réalité, fort difficile de distinguer un chat d'une rose.

CHAPITRE SEIZIEME

DE LA CLASSIFICATION.

Nous avons maintenant terminé l'étude des organes et des fonctions des plantes. Toutefois, tu n'aurais des végétaux qu'une connaissance imparfaite, si tu ne possédais pas des notions suffisantes sur les rapports nombreux et les connexions intimes qui enchaînent les diverses espèces les unes aux autres.

Lorsque tu jettes les yeux autour de toi, tu te sens d'abord frappé de la multitude des végétaux répandus de toutes parts, sur la terre et dans les eaux. En les examinant de plus près, si tu les compares avec attention entre eux, tu verras partout la variété le disputer à la profusion. Tu observeras des nuances de grandeur, de port, de figure et de couleur multipliées à l'infini ; tu verras les végétaux les plus disparates placés les uns à côte des autres ; les mousses les plus délicates croissant au pied et sur le tronc même d'arbres séculaires qui portent à cent cinquante et deux cents pieds de haut leur cime majestueuse.

Certaines plantes diffèrent entre elles entièrement et

dans toutes leurs parties; d'autres ne diffèrent que dans quelques-unes de ces parties; certaines autres se ressemblent en tous points.

On connaît aujourd'hui plus de cent mille espèces de plantes. Tu comprends que la mémoire la plus heureuse serait insuffisante pour retenir les noms d'une telle quantité d'êtres. Il te serait également difficile de trouver la description d'une plante dont tu voudrais connaître le nom et les propriétés, si tu étais obligé de feuilleter d'un bout à l'autre la *Flore* du pays où tu l'aurais récoltée.

l a donc fallu donner en quelque sorte un signalement à chaque espèce de plante, rapprocher celles qui offraient des points de ressemblance, éloigner celles qui présentaient des dissemblances plus ou moins prononcées, en un mot, les soumettre à des arrangements méthodiques et conventionnels.

Il a fallu inventer aussi un langage particulier et des formules représentant d'une manière exacte et concise les différences constatées.

On se contenta d'abord de cataloguer les plantes suivant leurs propriétés ou par ordre alphabétique; mais, lorsque le nombre de ces espèces connues se fut de beaucoup augmenté, on chercha d'autres systèmes.

Tournefort, le premier, comprit que la fleur qui renferme la graine et qui se compose d'organes dont la forme, la couleur, le nombre, diffèrent notablement dans chaque espèce, devait fournir les caractères les plus favorables à une bonne classification.

Tournefort divisa donc d'abord les végétaux :

En plantes herbacées et en plantes ligneuses;

Puis celles-ci suivant la présence ou l'absence de la corolle : en fleurs *pétalées* ou *apétalées;*

Ensuite d'après l'isolement ou l'agglomération des fleurs : fleurs *simples* ou *composées ;*

Enfin suivant la forme de la corolle ; *monopétale* ou *polypétale*, *régulière*, ou *irrégulière*, *campaniforme* (en forme de cloche), *infundibuliforme* (en entonnoir), *hypocratériforme* (en coupe), *personnée* (en mufle), *labiée* (en gueule), *cruciforme* (en croix), *rosacée* (en rose), *ombellifère* (en parasol), *papilionacée* (en papillon), etc.

Cette méthode ingénieuse, et surtout facile à pratiquer, jouit d'un grand succès, jusqu'au moment où parut celle du grand Linné.

Linné, l'un des savants les plus illustres de son siècle, avait pour père un pasteur suédois qui, ne se doutant pas de la vocation et du génie de son fils, le mit en apprentissage chez un cordonnier. Retiré de cette humble condition par un médecin nommé Rothman, il entra comme copiste chez un professeur d'histoire naturelle qui, frappé de son intelligence, le prit en affection et l'envoya faire ses études à l'université d'Upsal.

Ses études terminées, il entreprit, dans l'intérêt de la science, de longs et nombreux voyages en Laponie, en Hollande et en Angleterre, et revint dans sa patrie où il reçut le titre de professeur de botanique à cette même université d'Upsal dont il avait été l'élève.

Pendant trente-sept ans, il occupa cette chaire avec la plus haute distinction et ne cessa de travailler à agrandir la science à laquelle il avait consacré sa vie.

Le système de Linné se base sur l'examen des organes reproducteurs.

Il divise d'abord les végétaux en deux groupes distincts, selon que les organes sexuels sont visibles ou cachés (*phanérogames* et *cryptogames*);

Puis il les répartit dans vingt-quatre classes.

Donne moi le tableau noir qui sert aux calculs de tes élèves. J'y écrirai, à la craie, les noms et les caractères de cette classification, et je joindrai à chacune d'elles, comme exemple, quelques-unes des principales plantes qu'elles renferment :

1re Classe. *Monandrie* (du grec *monos,* seul, et *andros,* mari ou exemple) : fleurs hermaphrodites ne contenant qu'une seule étamine (excepté la pesse d'eau, le balisier).

2e Classe. *Diandrie* (de *dis*, deux) : fleurs hermaphrodites renfermant deux étamines (le jasmin, le lilas, la sauge).

3e Classe. *Triandrie* (*treis*, trois) : fleurs hermaphrodites renfermant trois étamines (l'iris, l'orge).

4e Classe. *Tétrandrie* (*tetra*, quatre): fleurs hermaphrodites renfermant quatre étamines (le plantin, la garance, le caille-lait).

5e Classe. *Pentandrie* (*pente*, cinq) : fleurs hermaphrodites renfermant cinq étamines (le chèvrefeuille, la belladone, la pomme de terre).

6e Classe. *Hexandrie* (*exa*, six): fleurs hermaphrodites renfermant six étamines (la jacinthe, le muguet, les lis).

7e Classe. *Heptandrie* (*epta*, sept) : fleurs hermaphrodites renfermant sept étamines (le maronnier d'Inde,

8e Classe. *Octandrie* (*octo*, huit) : fleurs hermaphrodites renfermant huit étamines (les bruyères).

9e Classe. *Ennéandrie* (*ennea*, neuf) : fleurs hermaphrodites renfermant neuf étamines (le laurier, la rhubarbe).

10e Classe. *Décandrie* (*deca*, dix) : fleurs hermaphrodites renfermant dix étamines (l'œillet, la coquelourde).

11e Classe. *Dodécandrie* (*dodeca*, douze) : fleurs hermaphrodites renfermant douze étamines (le réséda, l'euphorbe, la joubarbe).

12e Classe. *Icosandrie* (*eicosi*, vingtaine) : fleurs hermaphrodites renfermant une vingtaine d'étamines (la rose, l'amandier, le prunier).

13e Classe. *Polyandrie* (*polys*, beaucoup) : fleurs hermaphrodites renfermant plus de vingt étamines (le coquelicot, la clématite, l'ancolie).

14e Classe. *Didynamie* (*dis*, deux, et *dynamis*, puissance) : fleurs hermaphrodites renfermant quatre étamines dont deux sont plus longues (la lavande, la menthe).

15e Classe. *Tétradynamie* (*tetra*, quatre, *dynamis*, puissance) : fleurs hermaphrodites renfermant six étamines, dont quatre sont plus longues (la giroflée, le chou, la moutarde).

16e Classe. *Monadelphie* (*monos*, seul, et *adelphos*, frère) : fleurs hermaphrodites dont les étamines sont réunies en un seul faisceau par leurs filets (la mauve, la guimauve).

17e Classe. *Diadelphie* (*dis*, deux, *adelphos*, frère) : fleurs hermaphrodites dont les étamines sont réunies par leurs filets en deux faisceaux distincts (le pois, le haricot, le mélilot).

18e Classe. *Polyadelphie* (de *polys*, plusieurs, et *adelphos*, frère): fleurs hermaphrodites dont les étamines sont réunies par leurs filets en trois ou plusieurs faisceaux (l'oranger, le millepertuis).

19e Classe. *Syngénésie* (de *syn*, union, et *ginomai*, naître): fleurs dont les étamines sont réunies en cylindre ordinairement par les anthères, quelquefois par les filets (la violette, la balsamine, le pissenlit).

20e Classe. *Gynandrie* (de *gynè*, femelle, et *andros*, mâle) : fleurs hermaphrodites dont les étamines sont insérées sur le pistil (la vanille, l'aristoloche).

21e Classe. *Monœcie* (de *monos*, seul, et *ocia* demeure) : fleurs mâles et fleurs femelles distinctes sur une même tige (le chêne, le bouleau, le buis).

22e Classe. *Diœcie* (de *dis*, deux, et *oikia* demeure): fleurs mâles et f. urs femelles isolées sur des tiges différentes (le saule. le peuplier, le chanvre).

23e Classe. *Polygamie* (de *polys*, plusieurs, et *gamos*, noces) : fleurs hermaphrodites et fleurs unisexuées existant ou sur la même tige ou sur des tiges différentes le frêne, le figuier, la pariétaire).

24e Classe. *Cryptogamie* (de *cryptos*, caché, et *gamos*, noces) : fleurs invisibles ou cachées dans le fruit (champignons, mousses, fougères).

Voici un tableau récapitulatif de cet ingénieux système qui te permettra de l'embrasser d'un coup d'œil :

16

ÉTAMINES ET PISTILS

visibles.	toujours réunis dans la même fleur.	non adhérents entre eux.	étamines libres.	égales entre elles.	1 étamine	1 Monandrie.
					2 étamines.........	2 Diandrie.
					3 étam............	3 Triandrie.
					4 étam............	4 Tétrandrie.
					5 étam............	5 Pentandrie.
					6 étam............	6 Hexandrie.
					7 étam............	7 Heptandrie.
					8 étam............	8 Octandrie.
					9 étam............	9 Ennéandrie.
					10 étam............	10 Décandrie.
					de 11 à 19 étam.....	11 Dodécandrie.
					20 étam. au plus	12 Icosandrie.
					plus de 20 étamines..	13 Polyandrie.
				inégales.	4 dont 2 plus longues.	14 Didynamie.
					6 dont 4 plus longues.	15 Tétradynamie.
			adhérentes entre elles.	par leurs filets soudés	en un seul corps.....	16 Monadelphie.
					en deux corps.......	17 Diadelphie.
					en plusieurs corps ...	18 Polyadelphie.
				pr leurs anthères soudées en cylindre		19 Syngénésie.
		portés les uns sur les autres				20 Gynandrie.
	non réunis dans la même fleur. — Fleurs mâles et femelles.				sur le même individu..........	21 Monœcie.
					sur deux individus différents....	22 Diœcie.
					et hermaphrodites sur un ou plusieurs individus............ ..	23 Polygamie.
non visibles..						24 Cryptogamie.

Comme tu le vois, le nom assigné à chaque classe résume les principaux caractères de cette classe.

Les vingt-quatre classes ainsi obtenues se subdivisent ensuite chacune en plusieurs ordres ou familles, basés sur le nombre des pistils : un (*monogynie*); deux (*digynie*); trois (*trigynie*), etc. Sur la disposition de la graine : à graines nues (*gymnospermie*) ; à graines couvertes, (*angiospermie*); sur la forme du fruit, (*silique silicule*).

Par ce système si clair et si attrayant, tu vois comment les végétaux forment deux groupes distincts, selon que les organes sexuels sont visibles ou cachés : les *phanérogames* et les *cryptogames;* tu vois ensuite l'étamine et le pistil, dont le nombre croît par degrés, et dont la position et la grandeur forment des divisions toujours constantes et bien tranchées. Aucun système botanique ne présente autant de clarté, autant d'exactitude dans l'exposition; aucun ne conduit plus vite et plus facilement à la constatation et à la connaissance des espèces.

Quels que soient cependant les services que le système de Linné ait rendus et rende encore à la botanique, il faut avouer, pour rester juste, qu'il offre certains inconvénients.

Il est évident, par exemple, que Linné réunit souvent dans la même classe des plantes appartenant à des familles très-différentes, tandis qu'il en sépare d'autres qui présentent entre elles de grandes affinités : ainsi, dans la sixième classe, l'*hexandrie*, tu vois le lis à côté de l'épine-vinette; dans la troisième classe, la *triandrie*, l'iris réuni à l'avoine; enfin, les graminées, qui forment une famille très-naturelle, se trouvent disséminées dans cinq ou six classes différentes.

Mais n'oublions pas que l'unique but de Linné était de classer les végétaux de manière qu'on pût arriver facilement à la connaissance de chaque espèce, et qu'il a présenté sa classification simplement comme un moyen artificiel; sous ce rapport, elle reste jusqu'à présent la plus commode et la plus expéditive.

En outre, Linné pressentait une méthode, un *ordre naturel,* dont il a même ébauché le tableau.

« Toutes les plantes, disait-il, se lient par des affinités, comme les territoires se touchent sur une carte géographique; les botanistes doivent travailler sans cesse pour parvenir à un ordre naturel, but final e la science. Ce qui rend défectueuse la *méthode,* c'est le défaut des plantes qu'on n'a pas encore trouvées; quand on les connaîtra toutes, l'ordre naturel sera chevé, car la nature ne fait point de sauts. »

Pour être complète, une classification doit donc satisaire à deux conditions :

La première consiste à faire connaître facilement et romptement le nom que les botanistes assignent à une lante, et à la distinguer des autres plantes par des caactères différentiels aussi saillants que possible. Tel est e but que se propose le *Système,* qui ne tend qu'à la acilité des recherches, et qui doit par conséquent établir es divisions sur les caractères les plus apparents, quelue bizarres et disparates qu'ils puissent sembler.

La seconde condition consiste à placer chaque espèce, chaque genre, parmi ceux avec lesquels il offre le plus e ressemblances essentielles.

Voilà le véritable but de la *Méthode*, science qui établit ses divisions sur les organes les plus importants, sans avoir égard ni à leur nombre, ni à la difficulté de les observer.

Le *Système* fait découvrir le nom de la plante en nous donnant son signalement; la *Méthode* fait connaître la position relative des plantes dans le règne végétal.

Le premier est empirique; la seconde est rationnelle.

L'un est donc le complément de l'autre.

Il était réservé à Antoine-Laurent de Jussieu d'établir sur des bases inébranlables cette *méthode naturelle*, désirée et entrevue par Linné. Il la rendit publique en 1789, et dota enfin la botanique d'un code immuable de lois, que peuvent sans doute modifier et perfectionner chaque jour les progrès de la science, mais dont rien ne saurait ébranler ou détruire les bases.

— C'est donc alors une méthode parfaite?

— Parfaite, non sans doute, car une méthode parfaite devrait reproduire la fidèle image du plan que Dieu lui-même s'est tracé en créant la nature, ce à quoi n'atteindra jamais le génie de l'homme; toutefois la méthode naturelle de Jussieu paraît en approcher le plus.

Avant de t'exposer la classification de Jussieu, il convient toutefois de nous entendre sur la signification de certains mots employés dans toutes les classifications : tels que les expressions *individu*, *espèce*, *genre*, *famille*, *classe*.

Lorsque tu promènes tes regards sur les nombreux végétaux qui nous entourent, tu vois dans chacun d'eux un *individu*, **c'est-à-dire un être complet, un tout *indivis*.**

Si tu les examines plus en détail, tu reconnaîtras que plusieurs de ces individus offrent entre eux la plus grande ressemblance, et tu leur donneras sans hésiter le même nom. Un champ de blé nous offre des milliers d'individus que nous ne saurions distinguer entre eux.

Cette collection de tous les individus qui se ressemblent a reçu, en histoire naturelle, le nom *d'espèce.*

Tu sais en outre que ces individus reproduisent par leurs graines d'autres individus semblables à eux.

L'espèce est donc la collection de tous les individus qui se ressemblent entre eux, et qui, par la génération, en reproduisent de semblables; de telle sorte qu'on peut les supposer tous issus originairement d'un même individu.

Cependant cette ressemblance fraternelle présente différents degrés. Deux graines prises dans le même fruit, mais semées dans des terrains différents et dans des circonstances différentes de saison et de climat, donneront naissance à deux individus de la même espèce, mais chez lesquels cependant de légères dissemblances accuseront l'inégalité de condition de leur développement; ils pourront différer par la couleur de leurs fleurs et de leurs feuilles, par la plus ou moins grande abondance de poils, d'aiguillons, etc.

On donne à ces individus, qui s'éloignent du type de l'espèce par quelques dissemblances et variations, le nom de *variétés.*

Tant que l'on ne connut qu'un petit nombre d'espèces, la mémoire put facilement retenir le signalement de chacune et le nom particulier sous lequel on la désignait; mais peu à peu on en découvrit de nouvelles, ou plutôt on apprit à les distinguer.

Par la suite, le nombre des espèces végétales connues augmentant de jour en jour, il arriva un moment où la diversité des objets et des mots dépassa les forces de la mémoire humaine.

On dut alors songer à établir un certain ordre dans cet amas confus de richesses nouvelles; et de même qu'on avait naturellement réuni d'abord en une espèce tous les individus semblables entre eux, on chercha, pour les réunir sous un même nom et sous une définition commune, les espèces qui offraient entre elles une certaine ressemblance manquant aux autres.

De plusieurs de ces unités nommées *espèces*, on composa des unités d'un ordre plus élevé auxquelles on donna le nom de *genre*.

Lorsque le nombre de ces *genres* devint lui-même trop nombreux, on chercha parmi les petites sections celles qui se rapprochaient par des caractères communs, autres que ceux qui avaient servi à former les genres, et on les réunit par groupes, auxquels on donna le nom de *familles*.

Il existe en effet plusieurs grands groupes de végétaux liés entre eux par des traits d'une ressemblance tellement évidente que, sans être botaniste, on la constate aisément. N'es-tu pas frappé par l'air de famille qui règne chez toutes les espèces de graminées, chez toutes celles qui ont pour fruit une gousse (légumineuses), ou celles dont la fleur est labiée?

Les familles une fois constituées, il s'agissait de les coordonner entre elles de manière à rapprocher à leur tour celles qui se ressemblent le plus, et d'éloigner celles qui se ressemblent le moins. Les caractères communs à plusieurs familles à la fois permettaient d'en réunir plusieurs en groupes plus élevés, et l'on forma les *classes*.

C'est sur ces bases, et particulièrement sur la considération de la subordination des caractères que repose la *méthode naturelle*, ou la classification de A. L. de Jussieu, la seule réellement philosophique.

Jussieu divise d'abord le règne végétal en trois grands embranchements, d'après la structure de l'embryon : qui manque de cotylédons (*plantes acotylédonées*), en offre un seul, (*plantes monocotylédonées*), ou en a deux (*plantes dicotylédonées*).

Le premier embranchement (*acotylédonées*), forme une seule classe, caractérisée par l'absence de feuilles séminales, d'étamines et de pistils.

Le second embranchement (*monocotylédonées*), est subdivisé en trois sections, d'après l'insertion des étamines :

1° sur le réceptacle ou sous l'ovaire (*hypogynes*);

2° sur le calice ou autour de l'ovaire (*périgynes*);

Et 3° sur l'ovaire (*épigynes*).

Le troisième embranchement, ou celui des végétaux *dicotylédonés*, beaucoup plus nombreux, est d'abord subdivisé en quatre sections, d'après l'absence, la forme ou la disposition des fleurs, ce sont :

1° Les *apétales*, qui n'ont pas de corolle;

2° Les *monopétales*, dont la corolle est d'une seule pièce;

3° Les *polypétales*, dont la corolle est formée par la réunion de plusieurs pétales.

4° Les *diclines*, à fleurs staminées et fleurs pistillées sur des individus différents.

La première subdivision se partage en trois classes, suivant l'insertion des étamines, mais en changeant les noms pour les distinguer des classes précédentes : sur l'ovaire (*épistaminie*), sur le calice (*péristaminie*), sur le réceptacle (*hypostaminie*).

La seconde subdivision renferme aussi trois classes suivant l'insertion de la corolle : sur le réceptacle (*hypocorollie*), sur le calice (*péricorollie*), sur l'ovaire (*épicorollie*).

La troisième subdivision est également scindée en trois classes, d'après l'insertion des étamines sur : l'ovaire (*épipetalie*), sur le réceptacle (*hypopétalie*), sur le calice (*péripetalie*).

La quatrième subdivision, *diclinie*, forme à elle seule la quinzième et dernière classe.

— Ainsi, dit Paul, on peut, grâce au fil du *Système* de Jussieu, suivre une voie certaine et ne point se perdre dans le sublime labyrinthe du monde végétal !

— Oui, mon cher Paul. Cependant cette classification, si merveilleuse qu'elle soit, ne saurait être absolue. Dieu, en créant l'univers, n'a rien classé ; son œuvre est aussi infinie qu'elle est merveilleuse, et toute la science humaine n'arrivera jamais à cataloguer cette œuvre avec une irréprochable perfection.

Quoi qu'il en soit, voici le tableau de la méthode de Jussieu que tu pourras ainsi embrasser d'un coup d'œil. Je l'écris sur ton tableau à côté de celle de Linnée.

Classe	Division		Insertion		Famille
ACOTYLÉDONÉES					1 Acotylédones.
MONOCOTYLÉDONÉES		Étamines	hypogynes		2 Monohypogynes.
		Étamines	perigynes		3 Monoperigynes.
		Étamines	épigynes		4 Monoépigynes.
DICOTYLÉDONÉES	apétales	— Étamines	épigynes		5 Epistaminées.
	apétales	— Étamines	perigynes		6 Peristaminées.
	apétales	— Étamines	hypogynes		7 Hypostaminées.
	monopétales	— Étamines	hypogynes		8 Hypocorollées.
	monopétales	— Étamines	perigynes		9 Pericorollées.
	monopétales	— Étamines	épigynes anthères	soudées entre elles	10 Epicorollées synanthères.
	monopétales	— Étamines	épigynes anthères	distinctes	11 Epicorollées corisanthères.
	polypétales	— Étamines	épigynes		12 Epipétalées.
	polypétales	— Étamines	hypogynes		13 Peripétalées.
	polypétales	— Étamines	perigynes		14 Hypopétalées.
	diclines				15 Diclines.

Ce n'est là encore que l'entrée de l'édifice, le vestibule du temple.

L'importance de cette méthode, basée sur la subordination des caractères, résulte surtout de ce qu'un caractère d'un ordre supérieur en entraîne à sa suite un certain nombre d'un ordre différent; de sorte que l'énonciation pure et simple du premier suffit pour faire préjuger la coexistence des autres, et qu'une partie de l'organisation d'une plante s'annonce d'avance par un seul point qu'on a su constater; cela, tu le vois, abrége et simplifie merveilleusement les recherches et le langage.

Ainsi, l'absence ou la présence des cotylédons, leur unité ou leur pluralité dénotent des différences profondes et frappantes suivant que le premier germe s'est montré différemment constitué sous ce rapport.

De tel caractère secondaire, on peut de même en déduire plusieurs autres d'un ordre supérieur. Dire que la corolle est monopétale, c'est dire que la plante qui s'en trouve pourvue est dicotylédonée, que les étamines s'insèrent sur la corolle en nombre défini égal ou inférieur à celui de ses divisions. Sur la connaissance de tous ces rapports constants entre les différentes parties, qui permet de conclure de la partie au tout comme du tout à la partie, repose la méthode naturelle.

Si cette connaissance était parfaite, on pourrait dire que la méthode est la science elle-même, puisque la place qu'elle assignerait à chaque plante résumerait son organisation, et que de son organisation dépend sa manière de vivre.

CHAPITRE DIX-SEPTIÈME.

ET DERNIER.

Tandis que les deux amis devisaient de la sorte, on cogna à la porte, et une voix cria :

— Une lettre pour Monsieur Adolphe.

C'était le facteur rural, qui faisait sa tournée.

Il remit au botaniste une lettre portant le timbre de Paris, et s'éloigna à grands pas, car il lui restait encore bien du pays à parcourir.

Adolphe décacheta promptement la lettre; il avait reconnu l'écriture de sa mère. Il pâlit dès qu'il en eut lu les premières lignes.

— Ma mère est malade! s'écria-t-il, il faut que je parte sur l'heure!

A ces paroles, Paul ne put retenir ses larmes :

— Hélas! dit-il, tu vas emporter avec toi le bonheur que tu m'avais apporté. Je vais retomber dans l'isolement et dans l'ennui.

— Non pas! répliqua Adolphe tout en préparant à la hâte sa valise et en rassemblant les feuilles éparses de son herbier; non pas, mon cher Paul! Tu n'as plus rien à redouter désormais de l'isolement et de l'ennui. Je laisse près de toi deux anges protecteurs qui leur interdiront à toujours la porte de ton logis : le travail et le goût de la botanique. La botanique est une attrayante étude de toutes les saisons, de toutes les heures et de tous les instants. Adieu, ou plutôt au revoir, car j'espère bien, l'année prochaine, venir m'assurer de tes progrès en botanique.

Ils s'embrassèrent, et Adolphe se hâta de gagner le chemin de fer, qui le conduisit en quelques heures à Paris.

L'année suivante, quand, fidèle à sa promesse, il revint visiter Paul, celui-ci lui montra avec orgueil un gros herbier dans lequel se trouvaient classées en grande partie les plantes qui composaient la Flore de la commune.

Il raconta ensuite à son ami une foule d'observations qu'il avait faites sur ces plantes, et il en ressentit une joie facile à comprendre lorsque Adolphe lui avoua qu'il ignorait plusieurs des faits qui avaient fourni à l'instituteur le sujet de ces observations.

— Tu le vois, lui dit-il, la botanique est un champ inépuisable où chacun trouve toujours à faire de splendides récoltes. Mets au net et rédige en forme de mémoire les notes que tu viens de me lire; je les donnerai au plus célèbre de nos botanistes, qui lui-même, j'en suis sûr, les communiquera à ses collègues de l'Institut, sur lesquels elles produiront une vive sensation.

Paul suivit les conseils de son ami.

Deux mois après, non-seulement un grand nombre de journaux de Paris reproduisaient ou analysaient son mémoire, mais encore l'Académie des sciences en ordonnait l'insertion dans le recueil de ses *Comptes rendus*.

En même temps que Paul recevait ces heureuses

nouvelles, le facteur lui apportait une lettre du ministre de l'instruction publique :

« Monsieur, disait cette lettre, je vous félicite de la manière laborieuse et féconde dont vous employez les rares loisirs que vous laissent les devoirs de votre honorable et pénible profession. Je suis heureux et fier de compter, parmi les instituteurs dont je suis le ministre, des hommes de votre caractère et de votre valeur. Continuez; je suivrai toujours vos travaux avec l'intérêt qu'ils méritent. »

FIN

TABLE DES MATIÈRES.

Paris. — Soc. an. d'Impr. PAUL DUPONT, Dr.

www.ingramcontent.com/pod-product-compliance
Ingram Content Group UK Ltd.
Pitfield, Milton Keynes, MK11 3LW, UK
UKHW021851190726
13855UKWH00001B/255

9 782013 254014